위는 어떻게
위산에 녹지 않을까?

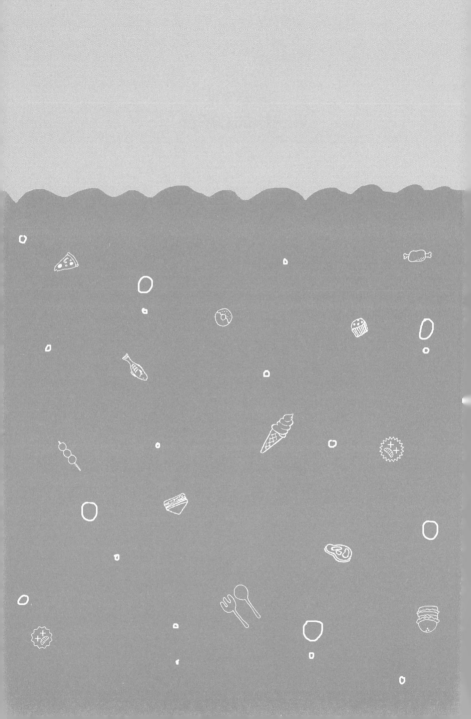

질문하는 과학 07

위는 어떻게 위산에 녹지 않을까?

최현석 글 ― 리노 그림

인체

나무를 심는 사람들

 **프롤로그**

저는 의사입니다. 환자를 진료하고 병의 원인을 찾아 치료하는 일을 합니다. 이런 일을 하기 위해 의과 대학에서 공부를 했습니다. 대학을 졸업하고 병원에서 1년의 인턴 과정과 4년의 전공의 과정을 통해 선배 의사들의 지도를 받으며 환자를 치료하면서 배웠고, 지금은 독립적으로 진료를 하면서 가르치는 일을 하고 있습니다.

진료란 사람을 대하는 것이기 때문에 정말 다양한 사람을 만나게 되는데, 저를 신뢰해 주는 사람에게 더 정이 가고 빨리 낫기를 기원하게 됩니다. 의사도 사람인지라 이런 점에서는 보통 사람들과 다를 바가 없습니다. 단지 전문 기술을 가지고 있기 때문에 사회적으로 대우를 받을 뿐이고, 고상한 이상을 추구한다고 생각하지만 현실과는 다른 경우도 적지 않습니다.

우리는 대부분 자신의 몸이 아픈데도 어디에 문제가 생겼는지, 왜 그렇게 되었는지 잘 모르고 의사에게 맡기게 됩니다. 몸이 아파서 병원에 입원하면 내가 큰 병에 걸린 것은 아닌지 두렵고 불안해집니다. 캄캄한 밤에 낯선 길을 내비게이션도 없이 가면서 지금 내가 가는 이 길이 맞는 건지, 잘못된 길을 가는 건 아닌지, 얼마나 시간이 걸릴지 불안해하고 두려워하는 것과 마찬가지입니다.

우리 몸에 대한 기본 지식을 안다면, 아는 것만큼 덜 불안해할 수 있다고 저는 생각합니다. 불안이란 무슨 일이 일어날지 모를 때 생기기 때문이죠. 자신의 몸 상태와 질병에 대한 지식이 있는 만큼 담당 의사와 치료 방법을 상의할 수 있고, 그러면 막연한 불안은 줄어들 것입니다.

현대 의학의 눈부신 발전은 모든 질병을 치료할 수 있을 것 같은 환상을 불러일으킵니다. 치료 방법이 없었을 때는 적당히 포기하고 운명을 받아들였습니다. 지금보다 훨씬 불안감이 덜 했을지도 모릅니다. 정보는 갈수록 많아지고 복잡해집니다. 그만큼 개인이 얻을 수 있는 정보는 상대적으로 줄어듭니다. 그런 격차만큼 개인은 박탈감을 느끼게 되고, 혹시 자신이 몰라서 잘못된 결정을 하게 되는 것은 아닌지 더욱 불안해집니다. 현대인은 여러 분야의 전문가들과 접촉할 수밖에 없고, 그들의 조언을 받아야 합니다. 그러나 자신이 처한 문제를 해결하기 위해 전문가의 조언을 받아들일지 거부할지는 결국 스스로 선택해야 합니다. 능동적인 선택을 하는 사람일수록 선택에 따른 결과를 잘 받아들일 수 있을 것입니다.

사춘기에 접어든 청소년은 자신의 신체 변화를 스스로 해석할 수 있어야 합니다. 그러면 독립적인 생활도 쉬워지고 인생을 능동적으로 살아갈 자신감이 생길 것입니다. 이 책은 공부하는 청소년이 읽기 쉽게 쓰려고 했습니다. 사춘기 여러분이 궁금해할 피부와 근골격으로 시작해서 외부 자극에 반응하는 신경, 호흡, 순환과 혈액, 소화, 비뇨 등 핵심 기능을 담당하는 주요 기관과 세포들 사이의 정보 전달 체계인 내분비 기관까지 40개의 질문에 우리 몸에 대해 꼭 알아야 할 기본 지식을 담았습니다.

재밌게 생각되는 질문이나 호기심이 생기는 질문부터 시작해도 되고, 처음부터 차근차근 짚어 가며 읽어도 좋습니다. 읽다 보면 우리 몸의 장기들이 얼마만큼 대단한 일을 하고 있는지, 세포들과 호르몬은 또 얼마나 영리하게 정보를 교환하는지 놀라기도 하고, 기계보다 더 정밀하게 작동되고 복구되는 인체 시스템에 대해 경탄하게 될 겁니다. 우리 주변에서 일어나는 사소한 자연현상도 원리를 알게 되면 감탄하는 것이나 물리 법칙이 아름답게 느껴지는 것과도 마찬가지입니다.

이 책이 쉽게 쓰였다고는 하지만 결코 쉬운 내용은 아닙니다.

전문적인 지식을 습득하기 위해서는 노력이 필요합니다. 의사란 자신의 전문 지식을 비싸게 파는 직업입니다. 신성한 직업이라고 들 하지만 세상에 신성하지 않은 직업이 있을까요? 어떤 직업이든 다른 사람이 필요로 하는 것을 제공하는 일을 하기 때문에 모든 직업은 의미가 있습니다. 의사들의 치료 대상이 되는 환자들이 정확한 의학 지식을 갖고 있으면 영리만 추구하는 의사들을 판별할 수 있는 능력이 생길 것이고, 자신의 운명을 스스로 결정하는 힘이 생길 것입니다.

아무쪼록 미래에 여러 직업을 갖게 될 여러분들이 몸에 대한 공부를 통해 자신을 알아 가고 인생에 자신감을 가지게 된다면 저자로서 큰 보람이 될 것입니다.

차례

4장
순환과 혈액

5장
소화

6장

비뇨

7장

내분비

1장

피부와
근골격

1

피부를 현미경으로 보면 어떻게 보일까?

피부는 인체에서 가장 넓은 기관으로, 표면을 덮어 내부 장기를 보호하고 땀이나 피지를 분비하며 체온을 조절해요. 또한 외부의 자극을 받아들이는 중요한 감각 기관이기도 하지요. 피부 전체의 표면적은 1인용 침대 면적 정도 돼요. 무게로 따지면 4kg 정도인데, 체중의 7%를 차지하지요. 이런 피부는 어떻게 구성되어 있고, 어떤 성분으로 이루어져 있을까요?

척추동물의 피부는 종마다 다릅니다. 어류는 비늘로, 조류는 깃털로 덮여 있습니다. 포유류의 피부가 다른 척추동물과 구별되는 특징은 털로 덮여 있다는 점과 땀을 분비하는 땀샘이 있다는 점입니다. 포유류에 속하는 고래는 털이 없어 보이지만, 가까이 들여다보면 털이 나 있습니다. 사람의 몸통에도 자세히 보면 털이 나 있습니다. 손바닥과 발바닥, 입술, 귀두 등에만 털이 없을 뿐이지요.

사람은 인종에 따라 피부의 두께에 차이가 없습니다. 백인종의 피부가 얇아 보이기는 하지만 색소가 없어서 그렇게 보일 뿐, 실제 피부 두께는 같습니다. 나이에 따른 차이는 있어서 신생아 때 가장 얇고 성장하면서 두꺼워지다가 노인이 되면 다시 얇아집니다.

피부의 두께는 신체 부위마다 다릅니다. 가장 얇은 부위는 눈꺼풀과 음낭인데, 이곳의 피부는 0.5mm에 불과합니다. 음낭을 자세히 보면 피부 안쪽의 미세한 혈관들이 보일 정도입니다. 가장 두꺼운 부위는 손바닥과 발바닥 그리고 등인데 두께가 6mm에 이릅니다. 외부와 마찰이 일어나는 손바닥이나 발바닥은 피부 맨 바깥의 각질층이 더 두꺼워지기도 합니다.

》 한 달에 한 번 교체되는 표피 《
피부 무게 대부분을 차지하는 진피

피부는 표피와 진피, 두 개의 층으로 이루어집니다. 표피는 맨 바깥층이고 그 안쪽에 진피가 있습니다. 손가락으로 피부를 겹쳐 잡

앉을 때 잡혀서 움직이는 부분이 표피와 진피이고, 그 아래는 지방층입니다. 이 지방층은 피부 아래 분포한다고 해서 피부밑 지방(피하 지방)이라고 부릅니다.

표피는 각질을 만드는 세포들이 20~30층으로 쌓여 있는 구조입니다. 표피 맨 아래층에는 줄기세포가 있어서 평생 분열하면서 새로운 세포를 만듭니다. 여기에서 만들어진 세포들은 위쪽으로 밀려 올라가면서 점점 납작해지며, 가장 바깥층에 이르면 각질세포가 되어 각질층을 형성합니다. 각질이란 우리가 목욕탕에서 때를 밀 때 떨어져 나오는 것들입니다. 표피 세포가 만들어진 후 각질층으로 이동하여 떨어져 나가는 과정은 한 달 주기로 반복되기 때문에 표피는 한 달에 한 번씩 새로운 세포로 교체됩니다. 이것은 때를 미는 것과 상관없이 일어나는 과정입니다.

피부의 가장 중요한 기능은 우리 몸과 외부 환경 사이에 장벽을 만들어 우리 몸을 보호하는 것인데, 그 최전선에 있는 것이 바로 각질층입니다. 각질의 각(角) 자는 '동물의 뿔'이라는 뜻으로, 소나 사슴의 뿔도 화학적 성질은 사람의 각질과 같습니다.

각질은 케라틴(keratin) 성분으로, 포유류의 털과 조류의 깃털뿐만 아니라 파충류 이상의 척추동물 표피를 구성하는 비늘과 털, 뿔, 부리, 손발톱 등의 주성분이기도 합니다. 각질은 피부의 겉면뿐만 아니라 점막이나 장의 상피 세포에도 있습니다. 뜨거운 물을 잘못 마시면 입안에서 벗겨져 나오는 하얀 껍질이 있지요? 이것도 각질입니다.

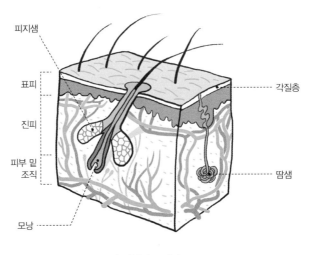

피지샘

표피

진피

피부 밑 조직

모낭

각질층

땀샘

| 피부 속 모습 |

　　각질층은 각질 세포와 지질로 구성되는데, 현미경으로 보면 마치 한옥 지붕에 기왓장이 몇 겹 올라간 것처럼 보입니다. 각질 세포가 기왓장 역할을 한다면 지질은 비가 새지 않도록 기왓장 사이의 공간을 메우는 진흙 역할을 하며, 각질 세포를 구성하는 성분의 70~80%가 케라틴으로 이루어져 있습니다.

　　각질층의 두께는 0.2~0.3mm 정도 됩니다. 바깥쪽은 건조하지만 안쪽은 수분을 많이 함유하고 있는데, 각질층 전체적으로 10~30%가 수분입니다. 케라틴이 만들어지는 과정에서 다른 아미노산들도 조금 만들어지는데, 이들이 수분을 끌어당기는 역할을 합니다.

》 피부가 탱탱한 건 《
콜라겐과 엘라스틴 덕분

피부를 표피와 진피로 나누어 무게를 재 보면 거의 대부분이 진피의 무게입니다. 피부를 잘라 건조시킨 다음, 성분을 조사하면 콜라겐(collagen)이 75%를 차지하는데, 주로 진피에 있지요. 바로 이 콜라겐 덕분에 피부는 유연하고 탄력이 있습니다. 피부가 가지고 있는 장력도 콜라겐 덕분입니다. 고무줄을 잡아당기면 원래대로 되돌아가려는 힘이 발생하지요? 이것이 장력입니다. 피부도 잡아당겼다가 놓으면 원래대로 됩니다.

콜라겐을 끓이면 젤라틴이 됩니다. 돼지 껍데기가 쫄깃쫄깃한 이유는 콜라겐이 변한 젤라틴 때문입니다. 하지만 돼지 껍데기를 많이 먹는다고 해서 피부에 콜라겐이 많아지는 것은 아닙니다. 섭취한 음식은 모두 소화 기관에서 분해되어 간으로 가고 간에서 다시 재합성되기 때문에, 어떤 종류이건 단백질을 섭취하면 그중 일부가 피부로 가서 콜라겐이 됩니다.

콜라겐 다음으로 피부에 많은 성분은 탄력 섬유라 불리는 엘라스틴입니다. 이 성분은 변형된 피부가 원래 모양으로 되돌아가는 성질인 탄력성을 제공하는데, 콜라겐이나 엘라스틴 덕분에 피부는 탱탱함을 유지할 수 있습니다.

2

피부색은
왜
다양할까?

인종을 구분할 때 피부색으로도 판단을 합니다. 피부색은 표피의 각질 세포에 있는 멜라닌과 붉은빛 색소인 카로틴의 양, 그리고 진피에 있는 혈액의 헤모글로빈에 의해 결정됩니다. 그럼 멜라닌을 만드는 멜라닌 세포의 수는 인종이나 피부색에 따라 어떻게 달라질까요?

멜라닌(melanin)은 '검은 색소'라는 뜻으로, 유멜라닌과 페오멜라닌 두 종류가 있습니다. 유멜라닌은 검은색 또는 갈색 색소이고, 페오멜라닌은 붉은색 색소입니다. 페오멜라닌은 주로 입술, 젖꼭지, 귀두, 질 등에만 분포하기 때문에 보통 멜라닌이라고 하면 유멜라닌을 뜻하지요.

멜라닌은 자외선이 피부의 진피층에 도달하지 못하게 하는 역할을 합니다. 자외선은 DNA를 손상시켜 피부병이나 피부암을 유발할 뿐만 아니라 우리 몸속 엽산을 파괴합니다.

》 멜라닌 세포의 수는 《 모든 사람이 동일

멜라닌은 표피에 있는 멜라닌 세포에서 만들어져 각질 세포에 축적됩니다. 멜라닌 세포는 표피의 가장 아래층을 구성하는 세포의 10%를 차지하는데, 현미경으로 보면 문어처럼 생겼습니다. 머리처럼 생긴 부분에서 멜라닌을 만들어 문어의 발처럼 생긴 기다란 촉수를 뻗어 각질 세포에 전달합니다. 촉수같이 생긴 부분을 가지 돌기라고 하는데, 멜라닌 세포 한 개에는 평균 36개의 가지 돌기가 있어서 그 숫자만큼의 각질 세포에 멜라닌을 전달하지요.

멜라닌 세포의 수는 인종이나 피부색에 관계없이 모든 사람이 같습니다. 단지 멜라닌을 만드는 속도가 달라 각질 세포에 축적되는 양이 다를 뿐입니다. 피부색이 검은 사람은 멜라닌을 만드는 속도가 그만큼 빨라 각질 세포에 더 많이 축적됩니다. 멜라닌 세포는 햇볕을 많이 받을수록 가지 돌기가 늘어나고 멜라닌 생산도 증가합니다.

멜라닌은 티로신이라는 아미노산에서 만들어지지만, 티로신을 많이 먹는다고 해서 멜라닌이 더 많이 만들어지는 것은 아닙니다. 멜라닌이 합성되는 양은 이미 유전적으로 결정되었고, 후천적으로 햇볕 같은 환경적인 요인에 의해 결정되기 때문입니다.

멜라닌 합성은 엄마 배 속 3~4개월의 태아 때부터 시작되지만 태어날 때도 성인 수준에 못 미칩니다. 그래서 신생아의 피부는 인종에 관계없이 연한 색을 띕니다. 성장하면서 피부색이 점차 진해지는데 사춘기에 눈에 띄게 달라집니다. 특히 젖꼭지 주변, 대음순, 음낭의 피부색 변화가 심하고 겨드랑이도 이때 진하게 변합니다.

》 자외선과 음식, 혈액이 《 피부색에 영향을 미쳐

물론 햇볕을 많이 받는 부위는 색이 더욱 진해집니다. 얼굴이나 손과 같이 햇볕에 많이 노출되는 부위는 햇볕 노출이 거의 없는 엉덩이보다 멜라닌이 두 배 정도 많습니다. 햇볕이라는 외부 영향을 배제한다면 피부색은 30대에 가장 진합니다. 이후에는 멜라닌 세포의 숫자가 10년마다 10%씩 줄어듭니다. 특히 이 현상은 모낭에서 눈에 띄게 나타나 중년이 되면 두피 모낭의 약 절반에서 멜라닌 세포가 완전히 없어집니다.

피부색이 음식의 영향을 받기도 하지만 이런 영향은 일시적입니다. 과거에 약으로 복용하거나 잘못된 식습관으로 금, 은, 수은 같은 중금속이나 철분이 피부에 축적되어 피부색이 변하기도 했습니다. 그러나 이런 물질들의 독성이 많이 알려진 이후에는 조심해 왔기 때문에 지금은 이런 사례는 매우 드뭅니다.

피부색에 영향을 미치는 음식 성분은 카로틴입니다. 카로틴은 당근이나 호박, 귤, 오렌지 등에 많은데, 이를 많이 섭취하면 얼굴이나 손바닥이 노랗게 변합니다. 손바닥은 멜라닌이 없기 때문에 색 변화가 특히 눈에 띕니다. 카로틴 자체는 독성이 없기 때문에 건강에 해롭지도 않고, 금방 배설되므로 피부색도 곧 정상으로 돌아옵니다.

피부색에 영향을 미치는 세 번째 요인은 혈액입니다. 특히 백

피부와 근골격

인은 피부의 멜라닌 색소가 연하기 때문에 모세 혈관 속 혈액의 색깔이 반영되어 피부가 분홍빛으로 보이기도 합니다. 운동을 하거나 당황할 때는 혈관이 확장되어 피부가 붉은색을 띠고, 반대로 얼굴에 핏기가 사라지면 창백해 보입니다. 이는 우리나라 사람들도 마찬가지인데 백인들이 더 눈에 띌 뿐입니다.

피부과에서는 자외선에 노출되었을 때 피부의 반응과 화상을 입는 정도에 따라 여섯 가지 타입으로 분류합니다. 멜라닌을 만들지 못해서 항상 햇볕을 피해야 하는 단계인 타입 1에서부터 아프리카 흑인이 포함되는 타입 6까지 있습니다. 우리나라 사람들이 속한 타입 4의 피부는 햇볕을 쬐면 살짝 검어지고, 오래 쬐면 벌겋게 되었다가 시간이 지나면서 까매집니다.

점과 잡티는 생기는 이유가 다르다고?

누구나 얼굴에 흑갈색 점을 적어도 한두 개쯤은 가지고 있습니다. 그런데 어릴 때는 없었던 점이 새로 생기기도 하고 점점 커지기도 합니다. 심지어 불룩 튀어나오면서 거친 털이 자라기도 하지요. 이런 점은 왜 생기는 걸까요?

피부에 생기는 반점은 흰색과 검은색이 있는데, 보통 점이라고 하면 검은색 점을 뜻합니다. 까맣고 동그란 모양으로 약간 솟은 점을 의학 용어로 모반이라고 합니다. 모반(母斑)은 타고난 반점이라는 뜻으로, 영어 nevus를 옮긴 말입니다. nevus는 '타고난 표시'를 뜻하는 라틴어 naevus에서 유래했습니다.

실제로 모반은 태어날 때부터 보이는 경우도 있지만 대개 생후 1년 후부터 나타납니다. 그리고 성장기 신체 발육에 비례해서 점도 같이 늘어 10~20대에 이르러 그 숫자가 최대에 이릅니다. 모반은 멜라닌 세포가 비정상적으로 증식해서 나타나는 현상인데, 보기 싫다는 것 이외에 대부분 건강상 문제를 일으키지는 않지만, 일부는 암으로 변할 수도 있습니다. 그렇지만 암으로 변하는 경우는 무척 드문 현상으로 점이 암으로 변하지 않을까 미리 걱정할 필요는 없습니다.

》 생기는 원인에 따라 《
이름이 달라

흔히 피부에 진하게 보이는 반점을 모두 점이라고 말하지만, 엄밀하게는 모반만 점이라고 하고 나머지는 각각의 명칭이 있습니다. 경계가 분명하지 않고 갈색 또는 검은색을 띠는 둥근 반점은 잡티라고 합니다. 의학 용어로는 흑자 또는 흑색점이라고 하지요. 모반은 멜라닌 세포가 증가한 것이고, 흑자는 각질 세포에 멜라닌 색소가 증가해서 생긴 것입니다. 그래서 흑자는 자외선 노출에 비례해서 크기도 커지고 숫자도 많아집니다. 그 때문에 나이가 들수록 증가합니다. 노인 피부에 생기는 거무스름한 얼룩을 검버섯이라고 하는데, 이것도 흑자의 일종입니다.

기미나 주근깨도 멜라닌 색소가 증가해서 생기는 것입니다. 주근깨는 주로 백인에게 생기는 황갈색의 작은 색소 반점입니다. 태어날 때는 없다가 5세 이후에 햇볕에 노출되는 부위인 코나 뺨, 손등, 앞가슴 등에 나타납니다. 주근깨는 백인 중에서도 붉은 모발을 가진 사람에게 잘 나타나고 동양인에게는 드물게 생깁니다.

기미는 반점이라기보다는 경계가 불확실하게 거뭇거뭇해지는 상태를 말합니다. 보통은 색깔이 균일하지 않고 얼룩덜룩합니다. 기미는 여성 호르몬에 의해 많아지기 때문에 임신한 여성의 75%에서 나타납니다. 이런 경우는 출산 후에는 대부분 좋아지는데, 10% 정도는 출산 후에도 지속됩니다. 그런데 이런 경우라도 폐경기가 되면 자연히 없어집니다. 그래서 할머니 피부에는 기미가 없습니다. 기미는 자외선에 의해서도 증가하므로 여름에는 좀 심해졌다가 겨울에는 좋아집니다.

》 멜라닌 색소가 사라지는 《
백반증

몸에 흰색 반점이 생기는 병을 백반증이라고 합니다. 피부에 멜라닌 색소가 없어진 상태지요. 백반증은 다양한 크기의 원형 내지 불규칙한 모양으로 생깁니다. 색깔이 탈색되어 하얗게 보이기 때문에 금방 눈에 띕니다. 전체 인구의 1~2%에서 나타나는데, 인종이나 지역에 관계없이 발생합니다. 2009년에 사망한 팝의 황제 마이클 잭슨이 앓았던 피부병도 백반증이었습니다. 그래서 흑인이었지만 얼굴이 하얗게 보였던 거지요.

4

여드름은
왜 생길까
?

사춘기가 되면 얼굴에 여드름이 올라오기 시작합니다. 치료를 하지 않아도 되지만, 몇 년 동안 지속되기도 하고 심지어 얼굴에 영구적인 흉터를 남겨 심리적으로 부담을 줍니다. 이런 여드름은 왜 생기는 걸까요?

우리나라 국민의 80%가 일생에 한 번쯤 겪는 여드름은 보통 사춘기에 발생해서 20대 중반까지 지속됩니다. 모공에 누적된 피지에 각질이 두껍게 쌓여 모공을 막으면 피지가 밖으로 배출되지 못하고 모공 안에 갇히게 됩니다. 이것이 여드름의 시작입니다. 정체된 피지에 세균이 번식하면 피지의 지방 성분 중 유리 지방산이 많아져 피부를 자극합니다. 이렇게 염증이 생기면 여드름이 눈에 띄게 됩니다. 여드름이란 결국 과다한 피지 분비 때문에 발생하므로 피지가 많은 얼굴, 등, 가슴에 주로 생깁니다.

》 얼굴과 두피, 가슴에 많은 《
피지샘

피지란 피부의 기름이라는 뜻인데, 피부에 흐르는 기름 성분은 모공에 있는 피지샘에서 분비됩니다. '샘'은 뭔가를 분비하는 인체 조직을 가리키는 말입니다. 피지샘은 손바닥과 발바닥을 제외한 온몸의 피부에 분포하며, 얼굴과 두피에 가장 많고 가슴에도 많습니다.

피지 분비는 남성 호르몬의 영향을 많이 받기 때문에 남성 호르몬이 급증하는 사춘기에 크게 늘었다가 나이가 들면서 줄어듭니다. 남성 호르몬뿐만 아니라 비타민 A의 일종인 레티노이드(retinoid) 등 다른 요인의 영향도 받기 때문에 남성 호르몬만으로 성별에 따른 차이를 알 수 없습니다. 간혹 신생아도 피지가 많은 경우가 있는데, 이는 엄마 배 속에 있을 때 엄마의 혈액에 있는 호

르몬의 영향을 받았기 때문입니다. 이런 신생아는 여드름이 나기
도 합니다.

피지는 피부에 지방 성분을 공급하여 피부를 부드럽게 할 뿐
만 아니라 체온 조절에도 관여합니다. 더운 날 땀을 많이 흘릴 때
피지는 땀에 섞여 얇은 막을 형성해 피부에서의 과도한 수분 증발
을 막아 탈수를 방지합니다. 추운 날에는 피지의 지방 성분이 농
축되기 때문에 피부를 지방층으로 코팅하는 효과가 나타납니다.
그래서 피부에 물방울이 떨어졌을 때 머물지 못하고 바로 흘러내
리게 됩니다.

피지에 있는 지방산은 피부를 약산성으로 만들어 피부에 붙
은 박테리아나 바이러스를 없애는 살균 기능을 합니다. 모기가 얼
굴을 잘 물지 않고 팔다리를 잘 무는 것도 얼굴에 피지가 많기 때
문입니다. 그래서 피지가 별로 없는 건성 피부나 어린아이들은 얼

굴도 모기에 잘 물립니다.

모공은 털이 자라는 곳이자 피지가 분비되는 구멍이기도 합니다. 보통은 지름이 0.02~0.05mm로, 맨눈으로는 잘 보이지 않지만 피지 분비가 많은 경우 눈에 띄게 됩니다. 얼굴에 복숭아씨처럼 작은 구멍들이 거칠게 많이 보일 때 사람들은 땀구멍이 커졌다고 하는데, 실은 모공이 커진 것이지요. 땀은 모공과는 별개의 구멍으로 나오는데, 모공에 있는 털이 너무 가늘어 잘 보이지 않고 그 구멍만 보이기 때문에 이런 오해가 생긴 것입니다.

모공의 크기는 피부 탄력성에 영향을 받기 때문에 자외선에 많이 노출되거나 나이가 들어 피부 탄력성이 떨어지면 더욱 크게 보입니다. 코와 그 주변 피부에 까만 알갱이가 박힌 것처럼 보이는 것은 모공 안에 피지, 각질, 먼지, 세균 등이 모인 것으로, 손톱으로도 쉽게 뺄 수 있지만 시간이 지나면 다시 생깁니다.

》 여드름은 지성 피부에 많지만 《 건성 피부는 노화가 빨라

얼굴을 흔히 티존(T-zone)과 유존(U-zone)으로 나누는데, 이마와 코 부위를 뜻하는 티존에 피지샘이 많습니다. 티존의 피부를 기준으로 피지 분비가 많으면 지성 피부라고 하는데, 우리나라 사람들의 20~30%는 지성 피부입니다. 모공이 크고 여드름이 많이 나는 사람들은 대부분 지성 피부입니다. 반대로 피지 분비가 별로 없는 건성 피부는 모공이 작고 매끈해서 도자기처럼 보입니다. 이런 피부를 가진 사람들은 1~2% 정도로, 화장품 광고 모델로 나옵니다. 화장품이 좋아서 피부가 그렇게 고운 것은 아니라는 말이지요. 게다가 건성 피부는 자외선으로부터 피부를 보호하는 피지가 적어 피부 노화가 빨리 와서 사실 피부 건강에는 그리 좋지 않답니다.

뼈가
유연하다고
?

우리가 움직일 수 있는 것은 뼈대와 근육이 있기 때문입니다. 뼈대와 근육은 서로 붙어서 같이 작동하기 때문에 합쳐 근골격이라고 합니다. 인체 조직 중 가장 단단한 것은 치아인데, 이를 제외하면 뼈가 가장 단단하지요. 그런데 뼈가 유연하다는 말은 무슨 뜻일까요?

'뼈'라는 말은 한자 골(骨)과 같은 뜻으로, 섞여 사용됩니다. 갈비뼈나 코뼈와 같이 '-뼈'라는 표현도 있고, 해골처럼 '-골'이라는 표현도 흔히 사용됩니다.

우리 몸을 구성하는 뼈는 태어날 때는 270개 이상이지만 성장하면서 일부는 서로 결합하고 일부는 퇴화해서 성인이 되면 206개로 줄어듭니다. 뼈의 무게를 모두 합치면 체중의 15%에 해당하며, 가장 큰 뼈는 허벅지의 넙다리뼈로, 성인 남성 기준으로 48cm 정도 됩니다. 가장 작은 뼈는 고막 안쪽에 있는 등자뼈로, 0.3cm입니다. 고막 안쪽에 붙어서 고막의 울림을 더 안쪽으로 전달하는 역할을 하지요.

》 강하면서도 유연한 《
뼈를 만드는 콜라겐

뼈는 맨홀이나 난로를 만들 때 사용되는 주철과 강도는 비슷하지만 훨씬 가볍고 유연합니다. 뼈의 무게는 주철의 3분의 1에 불과하지만 유연성은 10배입니다. 이러한 유연성 덕분에 뼈는 외부의 힘을 받아 휘더라도 곧 회복되는 성질이 있습니다. 성인 뼈를 기준으로 휜 정도가 1% 내외라면 금방 다시 원상 회복합니다. 하지만 휜 정도가 2~4%를 넘으면 골절됩니다.

뼈가 이렇게 유연한 이유는 뼈를 구성하는 단백질 때문입니다. 뼈를 구성하는 성분을 화학적으로 분석해 보면 수분 20%, 유기질 35%, 무기질 45%입니다. 뼈에 있는 유기질의 대부분은 콜라겐이라는 단백질입니다. 콜라겐은 우리 몸에 가장 많은 단백질 성분으로, 인대나 피부에도 있지만 우리 몸 전체 콜라겐의 절반은 뼈에 있습니다.

이 콜라겐은 무척 특이한 성질이 있습니다. 탄력성과 강도, 두 가지 서로 상반된 특성을 갖고 있다는 점이지요. 즉 부드러움 과 강함을 모두 지닌 물질입니다. 우리가 먹는 젤리를 만드는 데 이용하는 젤라틴의 주성분도 콜라겐이고, 돼지고기를 먹을 때 질 기게 씹히는 인대도 콜라겐 덩어리입니다. 콜라겐은 유연성을 제 공해 주는 한편 무게당 견디는 힘도 강철만큼이나 강합니다. 콜라 겐의 강도는 콜라겐 섬유 사이사이에 있는 칼슘이나 인 같은 무기 질에 의해 더욱 강화됩니다.

뼈는 무기질의 창고 같은 역할도 합니다. 인체 내 칼슘의 99%, 인의 90%가 뼈에 있습니다. 이들 무기질은 뼈를 강화시키 는 기능과 혈액 내 무기질의 농도를 조절하는 역할을 동시에 합니 다. 평상시에는 콜라겐 섬유 사이사이에 들러붙어 있다가 혈액 중 칼슘과 인이 감소하면 뼈에서 금방 방출되어 이를 보충합니다. 마 찬가지로 인체 내 마그네슘의 60%, 나트륨의 40%가 뼈에 들어 있으며, 혈액 내 농도에 따라 배출되거나 저장됩니다.

뼈는 조직이 얼마나 빽빽하게 모여 있는지에 따라 치밀골과 해면골, 두 종류로 나눕니다. 치밀골은 조직이 촘촘하게 치밀하고 단단한 반면, 해면골은 해면처럼 중간중간 구멍이 송송 뚫려 있습 니다. 치밀골과 해면골은 현미경으로 보고 구별하는데, 한 뼈 안에서 어떤 부분은 치밀골로 되어 있고, 어떤 부분은 해면골로 되어 있습니다. 뼈에 따라 두 조직이 다르게 분포되어 있는데, 겉에서 만져지는 부분이 치밀골이고, 뼈를 잘라 단면을 봤을 때 마른 수세미처럼 보이는 가운데 부분이 해면골입니다. 해면골은 일상생활에서 걷거나 뛰면서 생기는 충격을 흡수하는 반면, 치밀골은 뼈를 단단하게 하는 역할을 합니다.

》 골격과 골량은 《
성호르몬의 영향을 받아

뼈는 성장기가 끝나면 변화가 없는 것처럼 보이지만, 끊임없이 조금씩 분해되고 분해된 부분은 새로 만들어진 뼈로 대체됩니다. 이를 리모델링이라고 하는데, 이는 뼈를 만드는 조골세포와 뼈를 파

괴하는 파골세포의 작용으로 일어납니다.

　사춘기 이전에는 남녀가 비슷한 골격과 골량을 가지지만 사춘기 이후에는 남성의 골격이 여성에 비해 크고 강해집니다. 이는 성호르몬인 에스트로겐과 테스토스테론의 차이 때문으로, 에스트로겐은 파골세포를 억제해 뼈가 파괴되지 않도록 하고, 테스토스테론은 조골세포를 자극해서 뼈를 계속 만들게 합니다. 그래서 성장기가 지난 이후 남성은 뼈가 계속 커지지만 여성은 현상 유지만 하게 됩니다.

　그런데 나이가 들면 에스트로겐과 테스토스테론 모두 감소하기 때문에 갱년기 이후에는 남녀 모두 뼈가 급격히 약해집니다. 특히 여성은 매년 1~4%씩 감소해서 폐경 후 5~10년이 지나면 전체 뼈의 20% 정도가 없어집니다. 남성은 테스토스테론의 감소가 서서히 나타나기 때문에 뼈 감소는 70세 이후 주로 발생하지만, 결국 노화 과정으로 전체 뼈의 20~30%가 없어집니다.

★ 우리에게는 좌우가 대칭되게 만드는 유전자가 있다. 하지만 우리 몸은 정확하게 좌우 대칭이 되지 않는다. 얼굴을 잘 들여다보면 눈의 크기도 다르고, 다리 길이도 차이 나고, 발도 한쪽이 크다. 남성의 고환도 하나가 아래로 처진다.

6

척추는 몇 개의 뼈로 이루어져 있을까?

척추란 등을 이루는 뼈를 말합니다. 등 가운데 단단하게 만져지는 것이 바로 척추지요. 척추는 머리부터 골반까지 연결하며 우리 몸의 중심축을 이룹니다. 그럼 척추는 모두 몇 개의 뼈로 이루어져 있을까요?

척추가 몸의 중심이 되는 동물을 척추동물이라고 합니다. 척추동물은 어류와 양서류부터 포유류에 이르기까지 공통적으로 척추의 앞쪽에는 뇌가 있고 뒤쪽에는 꼬리가 있으며, 이 척추를 따라 신경, 혈관, 소화관 등이 평행으로 이어집니다.

척추동물 중 네발짐승의 척추는 아치 모양으로, 네 다리가 기둥처럼 받치고 있습니다. 소나 돼지 같은 네발짐승의 내장은 아치에 매달린 상태로, 그 무게는 아치 전체에 균등하게 배분됩니다. 우리 인간도 네발짐승에 속하지만 두 다리로 직립 보행하기 때문에 척추는 지면과 수직을 이루게 됩니다. 그래서 내장이 척추 앞에 위치하게 되지요. 이런 상태에서 앞으로 고꾸라지지 않으려면 척추를 뒤로 젖혀야 합니다.

사실 사람의 척추도 신생아 때는 다른 네발짐승처럼 아치 모양입니다. 그러다가 목을 가눌 시기가 되면 목뼈가 위쪽으로 휘면서 머리를 쳐들 수 있게 됩니다. 일어서서 걷게 되면서 허리뼈도 휘게 되어 결국은 척추 전체가 S자 모양이 됩니다.

》 26개의 뼈와 《 동전만 한 디스크로 이루어진 척주

척추뼈는 목뼈(경추)가 7개, 등뼈(흉추)가 12개, 허리뼈(요추)가 5개, 엉치뼈(천추)와 꼬리뼈(미추) 각각 1개씩 해서 모두 26개입니다. 신생아 때는 엉치뼈가 5개, 꼬리뼈가 4개이지만, 성인이 되면서 융합해서 각각 하나가 됩니다. 이 뼈들이 실에 꿰인 염주알처

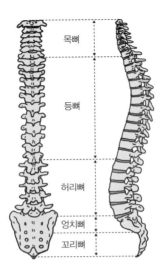

| 척주의 뒤와 옆 |

럼 배열되어 척주를 이룹니다. 척주의 주(柱)는 기둥을 뜻하는 말로, 척주는 척추뼈와 척추 원반(디스크)이 모여 기둥을 이룬 상태를 뜻합니다. 척추 원반은 500원짜리 동전만 한, 척추 사이에 있는 평평한 물렁뼈입니다.

목을 이루는 일곱 개의 목뼈는 C자형의 곡선 모양으로, 머리의 무게를 지탱하면서 뇌에서 내려오는 척수의 길목 역할을 합니다. 목이 긴 기린도 목뼈의 개수는 사람과 같은 일곱 개이며, 단지 목뼈 하나하나가 길 뿐이지요.

목뼈 아래로는 등뼈가 열두 개 있습니다. 등뼈에는 갈비뼈가 갈고리 모양으로 걸려 있어서 척추 관절이 거의 고정되어 있습니다. 등을 보면 가운데 기다랗게 파인 부분이 있습니다. 근육이 척추에 붙는 부분이지요. 척추와 등에 있는 근육이 만나는 곳이기 때문에 얇은 힘줄만 있어서 양옆의 두툼한 근육과는 차이가 많아 파여 보이는 것입니다.

허리를 이루는 허리뼈는 목뼈와 마찬가지로 C자형으로, 척추에서 가장 두툼하고 큰 뼈입니다. 해부학적으로 허리는 가슴 맨 아래에 있는 갈비뼈와 엉덩이 사이를 말하며, 이 범위에 있는 척추가 바로 허리뼈 다섯 개입니다. 상체와 하체를 이어 주는 중심축으로, 목뼈처럼 움직임도 많고 하중도 가장 많이 받습니다. 직장에서 중요한 중간 관리를 하는 사람을 허리 역할을 한다고 하는데 사람 몸에서도 마찬가지입니니다.

허리뼈는 움직임이 많은 만큼 불안정할 수밖에 없고, 하중도 많이 받기 때문에 척추 관절에 마찰이 자주 발생하고 인대와 근육은 항상 긴장된 상태에 있게 됩니다. 그래서 허리가 아픈 사람이 많은 거지요. 허리 통증은 인간이 네발짐승에서 직립 보행으로 진화하며 허리를 앞뒤좌우로 움직이게 되면서 필연적으로 나타나는 현상이기도 합니다.

》 배아 때 있던 꼬리는 《 태아가 성숙하면서 사라져

꼬리뼈와 허리뼈 사이를 엉치라고 하는데, 등에서 허리로 가다 보면 엉덩이가 시작되는 지점에서 가운데 움푹 파인 곳이 나오는데, 여기부터 꼬리뼈 사이가 엉치에 해당합니다. 엉치 안쪽에 있는 엉치뼈는 큰 삼각형 모양으로, 척추 중에서 가장 큽니다.

항문 바로 위를 잘 만져 보면 꼬리뼈 끝이 만져집니다. 사람에 따라서 잘 만져지는 사람도 있고, 잘 만져지지 않는 사람도 있습니다. 길이가 조금씩 다르기 때문이지요. 꼬리뼈는 엉덩방아를 찧을 때 아프기만 하고 실제적인 기능은 없는 일종의 퇴화 기관입니다. 이것이 퇴화 기관이라고 말할 수 있는 이유는 임신 직후 배아 시기에는 이것이 10~12개였다가 점차 태아가 성장하면 뼈 부분은 몸통으로 들어가고 끝부분은 사라지기 때문입니다. 이 과정이 정상적으로 진행되지 못하면 꼬리를 가지고 태어나기도 하는데 지금까지 보고된 사람의 꼬리 가운데 가장 긴 것은 13cm라고 합니다.

우리 몸에서 가장 힘이 센 근육은?

뼈대와 근육은 붙어서 같이 작동하기 때문에 합해서 근골격이라고 합니다. 뼈는 몸을 지탱하고, 근육과 함께 동작을 가능하게 할 뿐만 아니라 내부 장기를 보호하는 역할을 합니다. 뼈가 없어도 움직일 수 있지만 근육 없이는 움직일 수 없기 때문에 근육은 동물의 이동에 필수 조직입니다.

우리 몸에서 수축성이 뛰어난 조직은 근육입니다. 근육은 뼈대에 붙어서 늘어나고 줄어드는 과정을 반복하면서 뼈대를 움직입니다. 뼈가 없이도 움직일 수는 있지만, 근육 없이는 움직일 수 없습니다. 하지만 혀처럼 뼈 없이 움직이는 근육은 드물고, 일반적인 근육은 뼈 두 개 이상에 붙어서 관절을 이루어 작용합니다.

겉에서 만져지는 근육이 골격근입니다. 골격을 이루는 근육이라는 뜻이지요. 이 근육 조직은 우리 몸에서 가장 많은 무게를 차지하는데, 체중의 40%에 이릅니다. 도축장에서 소나 돼지에서 근육으로 된 살코기가 제일 많이 나오는 것처럼요.

근육은 골격근 이외에도 내장 근육인 심근과 민무늬근(평활근)까지 모두 세 종류가 있습니다. 심근은 심장을 이루는 근육을 말합니다. 심장은 사실 근육 덩어리로, 혈액을 펌핑하는 기능을 합니다. 현미경으로 골격근이나 심근을 보면 가로무늬가 보이는데, 민무늬근은 그런 무늬가 없습니다. 민무늬토기처럼 무늬가 없다는 뜻이지요. 우리 몸속에 있는 식도, 위, 작은창자, 큰창자 같은 내장 근육들은 모두 민무늬근입니다.

골격근은 우리가 생각하면 생각대로 움직입니다. 즉 뇌가 '걸어야지'라고 생각하고 다리 근육에 명령을 내리면 다리에 있는 여러 근육들이 순차적으로 움직여 우리는 걷게 됩니다. 반면 심근이나 민무늬근은 우리 마음대로 움직일 수 없습니다. '심장을 빨리 뛰게 해야지', 혹은 '소화가 빨리 되도록 해야지'라고 생각한다고 해서 심장이나 몸속 소화 기관들이 우리 생각대로 움직이는 것이

피부와 근골격

아니지요. 이들은 자율 신경에 의해 자동으로 조절되기 때문입니다. 그래서 골격근을 수의근(맘대로근)이라고 하고, 심근과 민무늬근을 불수의근(제대로근)이라고 합니다. 수의근의 수(隨) 자는 '따른다'는 뜻으로, 내 의지에 따른다는 뜻입니다.

》 가장 긴 넙다리 빗근 《 가장 큰 큰볼기근

인체는 650개 이상의 근육이 있는데, 이 가운데 어떤 근육이 가장 강할까요? 이에 대한 답은 쉽지 않습니다. 근육의 힘이란 한순간 발휘하는 힘을 기준으로 하느냐, 아니면 얼마만큼 오래 버티는지를 기준으로 하느냐에 따라 달라지기 때문입니다. 골격근은 뼈와 뼈를 연결하여 관절을 움직이므로 뼈가 길면 거기에 붙어 있는 근육도 길어지고 힘도 강해집니다. 가장 긴 근육은 다리 허벅지에 있는 넙다리 빗근으로 60cm 정도 되며, 가장 짧은 근육은 고막 안쪽 등자뼈에 붙어 있는 등골근입니다. 눈에 보일까 말까 하는 정도의 크기이지요.

크기로 따지면 '큰볼기근'이 가장 큽니다. 엉덩이 양쪽에 크게 만져지는 근육입니다. 한쪽 다리로 서 있을 때 눈에 더 띕니다. 크기로 따지면 이것이 우리 몸에서 가장 힘센 근육이라고 할 수 있습니다. 나이가 들면 이 근육이 처지기 때문에 엉덩이가 축 늘어져 보입니다.

음식을 씹을 때 작용하는 깨물근도 아주 큰 힘을 발휘합니다.

이 근육은 광대뼈에서 턱뼈 아래쪽으로 연결되는 사각형 모양의 근육입니다. 고기를 뜯어 씹어 먹을 때 볼에서 만져지는 큰 근육이지요. 이빨로 꽉 물었을 때 최고로 강한 힘은 440kg을 2초 동안 들어 올린 것으로, 『기네스북』에 기록이 남아 있습니다.

» 1kg의 자궁이 «
40kg의 힘을 내

강한 근육에는 자궁도 있습니다. 1kg의 자궁이 아이를 내보낼 때 쓰는 힘은 40kg입니다. 자궁이 한 번 수축할 때의 힘이 이 정도이니까, 분만 진통이 있는 6~8시간 동안 10분에 서너 번씩 수축한다는 점을 고려하면 아주 큰 힘입니다. 그만큼 산모가 겪는 고통도 크지요.

안구근도 강한 근육 목록에서 빠질 수 없습니다. 안구 즉 눈알을 움직이는 근육으로, 눈알 하나에 여섯 개의 근육이 붙어 있습니다. 마치 쇠똥구리처럼 자기보다 큰 눈알을 움직이지요. 한 시간 동안 책을 읽을 때 만 번 이상 눈을 움직이니까 엄청 큰 힘을 쓴다고 볼 수 있습니다.

사람마다 근력이 가장 많이 차이나는 곳은 팔에 있는 근육입니다. 약한 사람을 억누를 때 쓰는 말인 완력(腕力)은 팔의 힘을 뜻합니다. 보디빌더들이 포즈를 잡으면서 가장 자랑하는 근육도 팔에 있는 이두박근, 삼두박근, 삼각근이랍니다.

❝ 심한 운동을 하고 나면 근육이 왜 아플까?

운동은 산소 공급을 통해 지방과 탄수화물을 소모하는 유산소 운동과 산소가 부족한 상태에서 이루어져 오래 하기 힘든 무산소 운동이 있어.

갑자기 심한 운동을 하면 오히려 몸에 무리가 와.

오래달리기나 줄넘기 등은 유산소 운동이고, 팔굽혀펴기, 단거리 달리기, 역도 등은 무산소 운동이야. 마라톤은 주로 유산소 운동이고, 800m 달리기나 200미터 수영은 유산소와 무산소가 반반 정도지.

운동을 하면 몸이 튼튼해져야지 왜 몸이 아프나요?

무산소 대사를 할 때 포도당이 분해되면서 젖산이 만들어지거든. 근육에 젖산이 쌓여 세포가 산성이 되면서 근육 경련이나 통증이 생기지.

쳇, 이제 운동 안 할래요!

뻥!

예잇!

그래도 운동을 꾸준히 해야 몸도 튼튼해지고 키도 크지!

하 하

그럼 지금 근육 운동하러 갈게요.

지금? 아프다면서?

휙!

엥?

내장 근육 운동요!

2장

신경과 감각

8

신경계는 어떻게 작동할까?

생물학에서 외부 환경의 변화는 '자극'이라고 하고, 생명체의 대처는 '반응'이라고 합니다. 사람이 눈이나 피부, 코 등으로 들어오는 자극에 반응할 수 있도록 매개하는 시스템을 '신경계'라고 합니다. 우리 몸에서는 어떤 기관들이 신경계를 구성하고 있을까요?

우리 몸의 신경계는 중추 신경과 말초 신경으로 구분합니다. '중추 신경'은 말초 신경을 통해 들어오는 여러 정보를 종합하고 분석해서 어떻게 반응할지를 다시 말초 신경으로 전달하는 신경입니다. 뇌와 척수 이 두 가지가 중추 신경으로, 이것은 각각 머리뼈와 척추라는 단단한 뼈 안에 들어 있습니다. 그래서 웬만한 충격으로는 중추 신경이 다치지 않습니다.

머리가 아플 때 '골치가 아프다', '골 때린다'는 말을 하는데, 이때 '골'은 뇌를 뜻합니다. 뼈를 뜻하는 한자 골(骨)과는 다릅니다. 뇌의 무게는 1.3~1.4kg 정도로 간과 비슷하고, 간처럼 흐물흐물합니다. 다만 간보다 더 흐물흐물해서 간이 보통 두부 정도라면 뇌는 순두부에 가깝지요.

》 중추 신경은 《 뇌와 척수

머리뼈를 없애고 뇌를 겉에서 보면 대뇌, 소뇌, 뇌간 등 세 부분으로 쉽게 구분됩니다. 마치 막대기에 큰 솜사탕이 꽂혀 있고, 솜사탕 아래 귀퉁이에 골프공이 붙어 있는 모양입니다. 솜사탕에 해당하는 부분이 대뇌로, 뇌의 대부분을 차지합니다. 대뇌 아래쪽으로 기다란 척수와 이어지는데, 그 중간에 뇌간이 있습니다. 줄기 같은 역할을 해서 줄기 간(幹) 자를 붙인 것이지요. 뇌간 뒤쪽으로 골프공처럼 생긴 소뇌가 있는데, 마치 골프공의 3분의 1 정도를 잘라 낸 나머지를 뇌간에 붙여 놓은 모양입니다. 모양이 골프공처럼

생겼다고 해서 단단한 것은 아니며, 대뇌와 마찬가지로 흐물흐물
합니다.

척수는 뇌간에서 아래로 이어집니다. 뇌간과 척수가 딱 구분
되는 것은 아니고, 머리뼈 안에 있으면 뇌간이라고 하고, 머리뼈
밖으로 나온 부분부터는 척수라고 합니다. 척수도 뇌와 마찬가지
로 중추 신경입니다. 척수는 기다란 원통 모양으로, 총 길이는 약
45cm이고, 허리까지 내려옵니다.

19세기에 들어서면서 뇌의 용량과 지적 능력에 대한 연구가
활발해집니다. 당시 뇌에 대한 연구가 어느 정도였냐면 사회적으
로 저명한 학자, 문필가, 정치가, 예술가 등이 사망했을 때 뇌를 꺼
내 연구할 정도였습니다. 그때까지 가장 무거운 뇌를 가졌다고 기
록된 사람은 러시아의 작가인 이반 투르게네프로, 무려 2,000g이

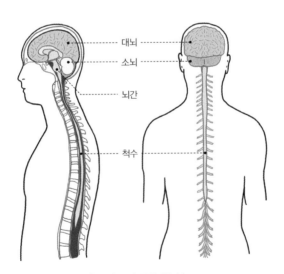

| 우리 몸의 중추 신경 |

넘었다고 합니다. 반면 독일의 수학자 가우스의 뇌는 1,492g이고, 노벨 문학상을 수상한 프랑스의 소설가 아나톨 프랑스의 뇌는 1,017g에 불과했습니다. 하지만 뇌의 무게는 사후 뇌를 언제 적출하는지, 뇌를 덮은 막을 제거하는지 안 하는지, 뇌를 어떤 액체에 얼마 동안 보관하는지에 따라 달라지는 등 문제가 많이 있는 데다 사실 뇌의 무게와 지능은 별다른 관련이 없다는 것이 밝혀져서 지금은 이런 연구를 하는 사람은 없습니다.

》 의지대로 작동하는 체성 신경 《 자율적으로 작동하는 자율 신경

'말초 신경'은 뇌와 척수에서 뻗어 나온 기다란 신경들입니다. 뇌에서 나오면 뇌 신경, 척수에서 나오면 척수 신경이라고 합니다. 뇌 신경이나 척수 신경은 뇌와 척수에서 멀어질수록 가지들이 많아지고 점점 가늘어집니다. 마치 동맥이 가지를 치면서 점차 가늘어지는 것과 마찬가지입니다. 또 신경은 보통 혈관과 같이 주행하기 때문에 해부를 해 보면 혈관과 다발처럼 엮여 있는 경우가 많습니다.

　말초 신경은 피부나 위장관 등 내부 장기에서 취합된 감각 정보를 중추 신경으로 전달하고, 중추 신경에서 내려오는 운동 명령을 근육과 장기로 전달하는 역할을 합니다. 중추 신경으로 들어가는 말초 신경은 기본적으로 감각 신경이며, 중추 신경에서 나오는 신경은 운동 신경인데, 서로 엉켜 있어서 맨눈으로 감각 신경인지 운동 신경인지 감별하기는 어렵습니다.

　　말초 신경은 기능에 따라 체성 신경과 자율 신경 두 가지로 나눌 수 있습니다. 체성 신경은 팔다리 근육에 연결된 신경처럼 우리의 의지대로 조절이 가능한 신경을 말합니다. 자율 신경은 운동을 하거나 긴장할 때 심장이 빨리 뛰는 것처럼 우리의 의지와 관계없이 자율적으로 작동하는 신경을 말합니다. 우리가 음식을 먹는 것은 체성 신경의 작용이지만 내장에서 소화되는 과정은 자율 신경의 작용입니다.

9

거짓말 탐지기는 어떤 원리를 이용한 걸까?

수사 기관에서는 종종 범인으로 의심되는 사람에게 거짓말 탐지기를 이용합니다. 텔레비전 예능 프로그램에서 종종 사용되는 작은 거짓말 탐지기는 재미를 위해 만들어진 것이라 오류가 많지만 수사 기관에서 사용하는 것은 아주 정밀하게 만들어져서 오류가 많지 않습니다. 이런 거짓말 탐지기는 어떤 원리로 만들어지는 걸까요?

수사 기관에서 사용하는 거짓말 탐지기는 자율 신경계의 작동 원리를 이용한 것입니다. 피의자에게 '아니요'라는 대답을 유도하는 질문을 한 나음 "아니요"라고 내답할 때의 맥박과 호흡, 땀 분비 등을 측정합니다. 보통 감정 변화가 나타나면서 자율 신경이 작동해 심장 박동과 호흡 횟수가 변하고 자기도 모르게 땀을 흘리기 때문이지요.

자율 신경이란 말 그대로 의지가 아닌 자율적으로 움직이는 신경 체계인데, 이를 조절하는 중추는 뇌 가운데 특히 시상하부와 연수입니다. 시상하부는 주로 식욕이나 수면, 체온 등을 조절하고 호르몬을 통해 돌발적인 환경에 민첩하게 반응하게 하는 반면, 연수는 좀 더 일상적인 활동인 호흡, 순환, 소화 등을 조절합니다. 시

상하부는 뇌간 위쪽 대뇌로 둘러싸인 곳에 있고, 연수는 뇌간 아래쪽 끝 척수와 이어지는 곳에 있습니다.

》 교감 신경과 부교감 신경이 《 균형을 유지하는 자율 신경

자율 신경에는 교감 신경과 부교감 신경이 있는데, 서로 반대 작용을 하면서 우리 몸의 균형을 유지합니다. 교감 신경은 말뜻을 그대로 해석하면 감정을 교류한다는 뜻인데, 처음 발견될 때 중추 신경과 내장이 서로 소통한다는 뜻으로 붙은 이름입니다. 부교감 신경이 말 그대로 교감 신경에 부수적이거나 보조 역할을 한다는 뜻은 아닙니다. 교감 신경이 먼저 발견되었고 부교감 신경은 나중에 발견되었는데, 교감 신경 옆에 있는 신경이라는 뜻으로 붙은 이름입니다.

　일반적으로 교감 신경은 긴박하고 위험한 상황에 처했을 때 작동해서 심장 수축력을 높이고 혈관을 수축시켜 혈압을 올리며, 기관지를 넓혀서 허파가 공기를 더 많이 마실 수 있도록 합니다. 또 더 잘 보기 위해 동공을 확대하고 혈당을 올려 에너지 대사를 촉진합니다. 부교감 신경은 심장 박동을 느리게 하며, 신체를 전반적으로 이완시키고, 소화를 위한 위장 운동을 활발하게 합니다.

　평소에는 부교감 신경이 주로 작동하는데, 갑자기 주변 환경이 변해 빠른 반응이 필요하게 되면 교감 신경이 작동하고 부교감 신경은 일시적으로 억제됩니다. 어떤 상황에서는 부교감 신경과

교감 신경이 서로 협동하기도 합니다. 예를 들어, 남성이 발기되는 것은 부교감 신경의 작용이지만 사정되는 것은 교감 신경이 작용합니다.

자율 신경도 훈련에 의해 어느 정도는 조절이 가능합니다. 명상을 통해 부교감 신경 활동을 활발히 하는 경우가 그런 경우에 해당하지요. 거짓말 탐지기에 의한 거짓말 확인도 절대적인 것은 아닙니다. 실제 재판에서도 보조적인 증거로만 활용됩니다. 특히 살인을 하고서도 감정적 동요가 없는 사이코패스를 심문할 때는 전혀 도움이 되지 않습니다.

10

우리는 왜 통증을 느낄까?

통증을 뜻하는 영어 단어 pain은 처벌을 뜻하는 라틴어에서 유래했지요. 고대 유럽인들은 잘못을 저지른 자는 벌로 통증, 즉 고통을 받는다고 생각했거든요. 지금은 통증이 신의 처벌이 아니라는 것을 알지만, 막상 참기 어려운 고통을 받으면 자기도 모르게 자신의 죄를 용서해 달라고 빕니다. 이런 통증을 우리는 왜 느끼는 것일까요?

우리는 뜨거운 불에 닿으면 생각할 틈도 없이 즉각적이고 반사적으로 피합니다. 통증은 뜨거운 불처럼 외부의 위험 상황을 경고하는 역할을 합니다. 다른 감각들은 외부 세계를 해석하는 것이 일차적인 기능이라면, 통증은 위험한 상황을 피해서 생존하게끔 하는 기능을 한다고 할 수 있습니다. 사실 통증은 대단히 예민한 감각으로 몸에 이상이 생겼을 때 가장 먼저 나타나는 증상입니다. 그래서 통증은 각종 질환을 암시하는 대표적인 증상이고 병을 찾아내는 데 중요한 단서를 제공하지요.

》 통증을 못 느끼는 《
선천성 무통각증과 한센병

선천성 무통각증이라는 병이 있습니다. 2014년 미국에서 보고된 사례는 58세 여성이었는데, 통증을 전달하는 신경 세포에 유전적인 결함이 발견되었습니다. 이 여성은 어릴 때부터 상처를 입어도 통증을 느끼지 못했고, 결혼 후 출산할 때도 통증을 전혀 느끼지 않았습니다. 음식을 씹을 때 혀가 치아에 씹혀도 통증을 느끼지 못하고, 신발 안에 날카로운 돌이 있어도 통증을 못 느꼈습니다. 그래서 입안이나 발에 상처를 달고 살았습니다. 걷다가 발에 돌이 걸려도 그에 대한 감각이 없어서 자주 넘어져 피부에 상처가 나거나 뼈가 자주 부러졌습니다. 그 결과 평생 수많은 골절로 여러 번의 수술을 받았습니다.

전염병에 걸려 통증을 못 느끼는 경우도 있습니다. 지금은 거의 없지만 과거에 흔했던 전염병으로 문둥병이라고 불리던 한센병이 있습니다. 이 병은 세균 감염으로 생기는데, 이 세균은 피부와 신경을 침범해서 통증을 못 느끼게 합니다. 그래서 날카로운 것에 찔리거나 모서리에 부딪치더라도 통증이 없기 때문에 피하지 못해 귀, 코, 손가락, 발가락 등이 지속적으로 손상됩니다. 주로 신체에서 돌출된 부분이지요. 이 때문에 코나 귀가 닳아 없어지고 몸이 변하게 됩니다. 고전 영화 〈벤허〉에서 주인공의 어머니와 누이가 외딴 골짜기에 버려진 이유도 한센병 때문이었습니다. 영화에서는 예수님의 기적으로 한센병이 치유되었지만 지금은 항생제로 완치할 수 있습니다. 과거 우리나라에도 매우 많았던 전염병이었지만 지금은 거의 사라졌습니다. 항생제로 치료가 되기 때문이지요.

선천성 무통각증이나 한센병에서 보듯이 통증을 느끼지 못하면 정상적인 생활이 불가능합니다. 그래서 통증은 인간 생존의 기본 조건이라고 할 수 있지요. 이렇게 생존에 도움이 되는 통증을 생리적 통증이라고 하는데 대부분의 급성 통증이 이에 해당합니다.

반면 인체가 위험하다는 신호가 더 이상 필요 없는데도 통증이 계속된다면 이는 생존에 도움이 되는 것이 아니라 고통만을 안겨 줍니다. 오히려 생존을 위협하기도 하지요. 이를 병적 통증이라고 합니다. 3~6개월 이상 지속되는 만성 통증이 대부분 이에 해당한다고 할 수 있습니다.

》 인지 과정이 《
통증을 느끼는 데 영향을 미쳐

신경계가 정상이라 하더라도 늘 통증을 느끼는 것은 아닙니다. 한창 전쟁 중에 폭탄이 터져 큰 부상을 당해도 군인들은 통증을 잘 느끼지 못합니다. 그러나 일단 안전한 병원으로 후송되어 정신을 차리고 자신의 상처를 보게 되면, 그 순간 소리치며 괴로워합니다. 인지 과정이 통증에 영향을 미치기 때문입니다. 이는 위약 효과에서도 나타납니다. 위약이란 가짜 약을 뜻하는데, 수술 후 통증을 호소하는 환자에게 진통제라고 속이고 식염수를 주입하면 75% 정도 통증 감소 효과가 나타납니다. 위약은 영어로 플라세보(placebo)라고 하는데, '나는 즐거울 것이다'라는 뜻입니다.

11

기억은 어디에 보존될까?

우리는 어떤 뉴스를 들으면 그 내용을 기억했다가 친구에게 전달해 줄 수 있습니다. 그것을 기억하기 때문이지요. 또 자전거 타는 것에 한번 익숙해지면 계속 배우지 않아도 잘 탑니다. 자전거 타는 것이 몸에 배어 있기 때문이지요. 이런 기억들은 어디에 저장되는 것일까요?

'기억'이란 과거를 지금 재생하는 기능입니다. 기억은 세 가지 과정을 거치는데, 새로운 정보를 받아들이는 단계, 저장하는 단계, 그리고 정보를 재생하는 단계입니다. 새로운 정보를 받아들이는 단계에서는 시각이나 청각 같은 감각 기관에 들어온 정보를 뇌에 입력합니다. 이때 아무 정보나 다 받아들이는 것이 아니라 주의 집중을 통해 들어온 정보가 이미 저장된 기억과 연결되면 뇌에 저장됩니다. 이런 연결 과정을 '연상'이라고 합니다. 시끄러운 카페에서 이야기할 때 많은 사람 사이에서 앞에 앉은 사람이 하는 말만 들리는 것도 이런 이유 때문이지요.

정보의 재생은 기억을 다시 불러내는 과정인데, 우리가 기억하고 있는지 아닌지를 확인하는 것은 그 기억이 밖으로 표현이 되었을 때에야 비로소 가능하겠지요. 뉴스를 기억하고 있는데, 그 기억을 말로 표현하지 않으면 그것을 기억하고 있는지 아닌지 알 수 없습니다. 자전거 타는 것도 마찬가지로, 자전거 타는 모습을 봐야만 '자전거 타는 방법을 기억하고 있구나' 하고 확인이 가능하지요.

》 언어로 표현되는 서술 기억 《 행동으로 나타나는 절차 기억

이렇게 기억의 종류는 언어로 표현되는 기억과 행동으로 표현되는 기억 두 종류가 있습니다. 언어로 표현되는 것을 서술 기억이라고 하고, 행동으로 알 수 있는 것을 절차 기억이라고 합니다. 자전거를 탈 줄 아는 것은 자전거를 잘 탈 수 있다고 아무리 말로 서술해 봐야 확인이 안 되고, 자전거 타는 모습을 봐야지 확인이 가능하지요. 그래서 두 기억은 종류가 완전히 다른 것입니다.

우리가 기억력이 좋다고 말할 때의 기억은 서술 기억입니다. 반면 절차 기억이란 자전거 타는 것이나 수영하는 것처럼 우리가 보통 기억이라고 인식하지 못하는 기억이지요. 운전이나 춤도 마찬가지입니다. 몸에 배어 있는 습관적인 행동은 모두 절차 기억의 산물입니다. 서술 기억이 뇌에 저장되어 있는 것처럼 절차 기억도 뇌에 저장되어 있습니다. 몸에 배어 있다는 것은 자동적으로 행동이 나타난다는 뜻이지, 팔다리에 기억이 저장되었다는 것이 아닙

니다. 모든 습관적 행동에 대한 절차는 뇌에 간직되어 있습니다. 다리를 다쳐도 의족을 하면 자전거를 탈 수 있지만 뇌가 다치면 자전거를 타지 못한다는 사실만 봐도 알 수 있습니다.

조건 반사도 절차 기억의 한 종류입니다. 조건 반사 훈련을 받은 파블로프의 개가 종소리만 듣고도 침을 흘리는 경우가 이런 예지요. 절차 기억의 공통점은 의식적인 자각이 없는 상태에서 재생된다는 것입니다. 몸에 배어 있다는 말과 같은 뜻입니다.

서술 기억과 절차 기억은 담당하는 뇌의 부위도 다릅니다. 서술 기억에 장애가 생긴 환자도 절차 기억은 정상이기도 합니다. 예를 들어 수영을 잘하는 사람도 수영을 어떻게 배웠는지는 기억하지 못하기도 합니다. 사실 우리가 하는 대부분의 습관적인 행동은 언제 어떻게 습득했는지 기억하지 못한 채 이뤄집니다. 서술 기억은 망각되고 절차 기억만 남아 있는 거지요.

》 지식을 뜻하는 지적 기억 《
경험을 떠올리는 사건 기억

서술 기억은 뇌에 보존되는 시간에 따라 단기 기억과 장기 기억으로 나눕니다. 단기 기억은 새로운 정보를 잠깐 저장하는 능력으로, 몇 초 정도 지속됩니다. 전화번호를 외웠다가 일단 전화를 걸고 나면 잊어버리는 경우가 단기 기억의 예지요.

우리가 일상적으로 말하는 기억은 장기 기억인데, 장기 기억도 두 가지로 나뉩니다. 하나는 지식을 뜻하는 지적 기억이고, 다른 하나는 생활에서 매일매일 일어나는 일들을 떠올리는 사건 기억입니다. 어떤 사람이 해박한 지식을 가지고 있다고 말할 때는 지적 기억이 많다는 뜻이지요. 사건 기억은 어제는 누구를 만났고 무엇을 했는지 같은 매일 생활하면서 겪는 경험에 대한 기억입니다. 이런 자잘한 사건 기억이 대수롭지 않아 보여도 사실은 아주 중요합니다. 이런 기억을 통해 자아 정체성이 형성되기 때문입니다. 자신이 누구인가라는 자아 정체성은 과거의 자신에 대한 기억 자체라고 할 수 있으니까요.

12

동공은 어떻게 빛의 양을 조절할까?

눈은 얼굴에서 가장 눈에 띄는 감각 기관입니다. 눈은 태아 때 뇌의 일부가 두개골 밖으로 뻗어 나오면서 만들어지고, 안구의 안쪽에 있는 망막은 뇌 신경계의 직접적인 연속입니다. 마치 호기심에 찬 뇌가 바깥세상을 향해 뻗어 나오듯요. 그럼 눈은 어떻게 생겼을까요?

눈은 안구와 부속 기관, 두 부분으로 나뉩니다. 해골을 보면 눈이 있는 위치가 움푹 패어 있는데, 이곳이 안구가 있는 자리입니다. 안구는 눈알이라는 뜻으로, 구슬처럼 둥그렇게 생겨서 '공 구(球)' 자가 붙었지요. 안구는 앞뒤 길이가 2.4cm 정도입니다.

눈 가운데 까맣게 보이는 곳이 동공, 즉 눈동자입니다. 동공 주변으로 아주 작은 갈색 도넛 같은 원반 조직이 보이고, 그 밖으로 흰자위가 있습니다. 동공 모양은 동물마다 달라서 고양이는 아몬드 모양이고 사람은 동그란 모양입니다. 사람의 동공 크기는 2~4mm로, 밝은 곳에서는 줄어들고 어두운 곳에서는 커집니다. 동공은 빛이 들어가는 빈 공간이고, 이 공간은 동공 주변의 원반 조직인 홍채가 만들어 냅니다. 홍채는 카메라로 치면 조리개 역할을 한다고 할 수 있습니다.

》 홍채의 수축과 이완으로 《 동공이 달라 보여

홍채의 색깔은 인종마다 달라 피부색과 더불어 인종을 구분하는 기준이 됩니다. 홍채도 피부와 마찬가지로 멜라닌의 양에 따라 색깔이 달라지는데 멜라닌이 많으면 갈색 또는 검은색, 거의 없으면 파란색, 중간쯤 있으면 회색이나 옅은 갈색으로 보입니다. 멜라닌의 양은 색소 생산을 조절하는 유전자에 의해 결정되는데, 일반적으로 갈색이 우성입니다. 그래서 부모 중 한 명이라도 갈색 눈이면 자녀는 갈색이 되며, 부모 모두 푸른색 눈이어야만 자녀들 역시 푸른색 눈이 됩니다.

　　홍채는 빛의 세기에 따라 수축하고 이완하는데 이에 따라 동공이 커졌다가 작아졌다가 하는 것으로 보입니다. 이는 자율 신경에 의해 자동으로 조절되기 때문에 우리 의지대로 동공을 커지게 하거나 작아지게 할 수는 없지요. 그런데 감정에 따라서 동공의 크기가 변합니다. 예를 들어 흥분하거나 두려움을 느낄 때, 또 데이트에서 호감이 가는 상대를 바라볼 때도 동공이 커집니다. 흥분되기 때문이지요. 누군가와 데이트를 할 때 상대방의 동공이 커지면 '자기를 무척 좋아하는구나'라고 생각할 수 있을 텐데 그냥 봐서는 동공이 커졌는지 가늠하는 것은 쉽지 않습니다.

　　예전에는 동공이 큰 여성을 아름답다고 여겼는데, 고대 로마

여성들은 벨라도나라는 식물을 사용해서 동공을 크게 했습니다. 벨라도나라는 말은 아름다운 여성을 뜻하는 이탈리아어로, 허브의 이름입니다. 벨라도나에 있는 아트로핀이라는 물질이 홍채를 수축시켜 동공을 커지게 하는 것으로 밝혀졌습니다.

》 사람의 《
최대 시력은 2.0

동공과 홍채 바로 뒤에는 수정체가 있습니다. 수정처럼 맑아서 수정체라는 이름이 붙었고, 영어로 렌즈(lens)라고 하지요. 수정체는 볼록 렌즈 모양으로 혈관이 없고 무색투명합니다. 두께는 4mm, 지름은 9mm입니다. 수정체는 볼록 렌즈처럼 빛을 가운데로 모아 안구의 가장 안쪽 막인 '망막'의 한 점에 모이도록 합니다. 볼록 렌즈에 햇빛을 통과시키면 빛이 한 점에 모이는 것과 같은 원리입니다. 수정체는 탄력성이 있어서 빛이 통과할 때 두께를 달리해서 굴절률을 변화시킵니다. 이렇게 해서 다양한 거리에 있는 정확한 사물의 이미지가 망막에 도달하게 합니다. 백내장은 수정체가 혼탁해져 빛을 제대로 통과시키지 못하면서 안개가 낀 것처럼 시야가 뿌옇게 되는 질환입니다.

가까이 있는 두 개의 점을 보고 두 개라고 판단하는 능력이 바로 '시력'인데, 6m 앞의 그림을 보게 해서 측정합니다. 사람의 최대 시력은 2.0이라고 해요.

병원에서 하는 신체 검진에 포함된 시력 검사는 일종의 굴절 검사입니다. 시력이 좋지 않은데 안경으로 교정이 가능하면 굴절 이상 때문에 생긴 시력 감소입니다. 시력이 1.0인데 책을 읽을 때 글자가 잘 보이지 않으면 원시라고 하고, 1.0 이하인데 근거리 시력이 정상이면 근시라고 하죠. 이런 경우는 각막과 수정체를 통과한 빛의 초점이 망막에서 정확하게 맞지 않아 발생하므로 안경이나 렌즈 같은 보조기를 이용하면 앞이 더 잘 보이게 됩니다.

13

인간이 참을 수 있는 소리의 한계는?

헬렌 켈러는 소리를 듣지 못하는 것이 볼 수 없는 것보다 더 나쁘다고 말했어요. 볼 수 없는 건 사물과의 거리를 멀어지게 하지만 들을 수 없는 건 다른 사람과의 거리를 멀어지게 하기 때문이라고요.

청각을 담당하는 귀는 겉에서 보이는 부분을 포함해 안쪽으로도 깊숙이 연장되어 있습니다. 귀는 바깥귀(외이), 가운데귀(중이), 속귀(내이)로 구분합니다. 귓바퀴에서 고막까지가 '바깥귀'로, 총 길이가 2.5~3.5cm쯤 되는데, 입구는 연골 성분이지만 안쪽은 단단한 뼈로 되어 있습니다. 바깥귀가 시작되는 곳에는 모낭이 있어서 털도 나고 땀도 나고 분비물도 나옵니다. 이 분비물과 탈락한 피부, 먼지 등이 뭉쳐서 귀지가 생기죠. 귀지는 항균성 효소를 포함하고 있어서 세균을 억제하며, 지방 성분이 있어서 바깥귀길(외이도)의 피부 건조도 막아 줍니다. 또한 입구에 있는 털과 함께 이물질이 귀 안쪽으로 들어가지 못하게 막아 주지요.

바깥귀길은 고막에서 끝납니다. 고막은 가로 8mm, 세로 9mm, 두께 0.1mm의 막으로, 달걀 껍데기를 벗기면 보이는 얇은 막과 비슷합니다. 고막 안쪽은 가운데귀라고 합니다. 여기에는 아주 작은 뼈가 세 개 있는데, 이 뼈들은 관절 운동을 통해 고막에 들어온 소리를 속귀에 전달합니다. 또 가운데귀는 귀인두관을 통해 코인두와도 연결되어 있습니다. 코인두는 코를 통해 외부와 통하므로 고막 안팎으로 기압 평형을 유지시켜 줍니다.

가운데귀 안쪽부터 두개골 안으로 굴처럼 파고 든 공간을 속귀라고 합니다. 속귀는 복잡한 구조로, 크게 소리 자극을 신경 신호로 바꾸어 뇌로 전달하는 달팽이관과, 평형 감각을 담당하는 전정 기관으로 나눌 수 있습니다. 달팽이관 안에는 림프액이 차 있으며, 얇은 막이 펼쳐지고 털 세포가 붙어 있지요. 음파의 자극에 따라 림프액이 움직이면 막도 같이 움직이는데, 그러면 털 세포가 이 진동을 전기 에너지로 변화시킵니다.

》 소리가 크냐 작냐는 진폭이, 《 고음 저음은 진동수가 결정

공기 중에는 수많은 파동이 떠다닙니다. 그 가운데 우리 뇌에서 소리라고 느끼는 공기의 파동을 '음파'라고 합니다. 음파의 모양과 속도, 폭, 길이 등에 따라 음의 성질이 달라집니다. 기타의 줄을 튕기면 줄이 위아래로 움직이는데 이 운동을 진동이라고 하고, 진동의 상하 폭을 진폭이라고 합니다. 그리고 진동이 1초 동안 되풀이되는 횟수를 진동수 또는 주파수라고 하지요.

우리 귀는 음파의 진동수에 따라 고음이냐 저음이냐를, 진폭에 따라 소리가 큰지 작은지를 느낍니다. 우리가 귀로 들을 수 있는 진동수 즉 주파수의 범위는 20Hz(헤르츠)에서 20,000Hz입니다. 이것을 음악의 옥타브 개념으로 표현하면 열 개의 옥타브에 해당합니다. 88개의 건반을 가진 피아노는 대략 일곱 옥타브니까 인간의 청각은 이보다 조금 넓은 범위의 주파수를 들을 수 있는 거지요.

20,000Hz보다 높은 음파를 초음파라고 하는데, 이 음파는 우리 몸을 통과합니다. 초음파를 인체 내부로 통과시키면 우리 몸은 조직의 성질에 따라 음파를 반사시키는 정도가 다른데, 이것을 영상으로 바꾸면 이미지를 얻을 수 있습니다. 초음파는 인체에 아

무런 해를 입히지 않기 때문에 산부인과에서 태아를 진찰할 때도 사용합니다.

진폭이 큰 음파는 진동 에너지가 커서 고막을 강하게 자극하기 때문에 우리 뇌는 큰 소리라고 인식하게 됩니다. 음파가 고막에 닿으면 고막은 북이 떨리는 것처럼 앞뒤로 벌렁벌렁 떨립니다. 고막 움직임이 심할수록 소리가 크다고 느낍니다. 학문적으로 '소리가 크다'고 할 때 주파수가 높은 고음을 뜻하지만, 일상적인 대화에서 '어떤 소리가 크다'는 표현은 진폭이 큰, 센 소리를 뜻하는 경우가 많습니다.

》 비행기가 뜰 때는 120데시벨 《 우리 귀의 한계는 150데시벨

보통 우리가 듣는 음파의 에너지는 dB(데시벨)이라는 상대적인 단위로 측정합니다. 우리 귀가 감지할 수 있는 가장 희미한 소리를 0dB이라고 하고 그보다 10배 크면 10dB, 100배 크면 20dB이라고 정의한 것입니다. 보통 대화하는 소리는 60dB이고, 우리가 듣는 음악은 보통 30~110dB입니다. 비행기가 이륙할 때 나는 소리는 120dB 정도입니다.

인간이 들을 수 있는 음파의 한계는 150dB까지입니다. 만약 이보다 더 큰 소리가 고막에 전달되면 고막은 터집니다. 고막이 앞뒤로 너무 많이 움직이기 때문이지요. 북을 세게 치면 북이 찢어지는 것과 같은 현상입니다.

외부로부터 소리 자극이 없는 상황에서 소리가 들리는 '이명'은 일상생활 중 흔히 경험합니다. 대부분 잠깐 발생했다 사라지지만 반복되기도 합니다. 이명은 귀에서 뇌의 청각 중추에 이르는 경로 중 어딘가에서 발생하는데, 속귀에서 가장 많은 원인이 발생합니다. 특히 소음성 난청과 관계가 많아 아주 큰 소음에 갑자기 노출되거나 시끄러운 공장에서 일할 경우 잘 생기지요. 또한 이명은 노인성 난청에서도 많이 나타나므로 누구나 언젠가 생길 수 있습니다.

14

냄새를 만 가지 이상 구분할 수 있다고?

쾌감을 주는 냄새는 향기, 불쾌한 냄새는 악취라고 합니다. 같은 냄새라도 어떤 사람들은 아주 유쾌하게 느끼지만 어떤 사람은 불쾌감을 느낄 수 있습니다. 향기든 악취든 절대적인 기준이 없으며, 문화적·사회적으로 결정되는 상대적인 선호입니다.

냄새를 맡는 후각 신경은 코 안쪽 상부에 있습니다. 그곳에는 후각 세포들이 엄지손톱만 한 넓이로 분포해 있지요. 이 세포들이 분포해 있는 곳을 후각 상피라고 합니다. 후각을 수용한다는 뜻으로 후각 수용체라고도 하지요. 콧구멍으로 들어간 공기는 미로처럼 생긴 비강을 통과하는데, 이때 공기의 일부가 후각 세포와 접촉하게 됩니다. 냄새를 잘 맡으려고 공기를 주욱 들이마시면 후각 상피에 도달하는 공기가 증가해 냄새를 조금 더 잘 맡게 되지요.

냄새를 유발하는 물질이 후각 상피, 즉 후각 수용체에 닿으면 전기 신호가 만들어집니다. 냄새를 유발하는 자극이 어떻게 전기 신호로 바뀌는지는 후각 수용체의 차이에 관여하는 유전자들을 확인하면서 밝혀졌습니다. 사람은 300~400개의 후각 유전자가 있는데, 하나의 수용체가 하나의 냄새를 담당하는 것이 아니고, 하나의 물질이 수용체 몇 개를 동시에 자극해서 활성화된 수용체의 조합에 따라 뇌가 느끼는 냄새가 결정됩니다. 예를 들어, 장미향이 수용체 A, C, E 등을 자극한다면, 아카시아향은 B, C, D 등을 자극합니다. 이러한 방식으로 수용체 300~400가지가 조합될 수 있는 가짓수는 엄청나게 많습니다. 그 덕분에 사람은 만 가지 이상의 냄새를 구분할 수 있지요.

》 만 가지 냄새를 구분하지만 《
표현하는 말이 없어

사람이 맡을 수 있는 냄새의 종류는 많지만 냄새 자체를 표현하는 말이 없습니다. 우리가 느끼는 시각이나 청각에 대해 객관적으로 표현할 수 있을 때 의사소통이 가능합니다. 미각도 단맛, 신맛 등과 같이 객관화가 가능합니다. 하지만 후각은 그것이 유래하는 사물에서 나는 냄새로 설명할 수밖에 없습니다. 아카시아에서 나는 아카시아향, 커피에서 나는 커피향처럼요. 퀴퀴하다, 향기롭다 등과 같은 일반화된 표현도 있기는 하지만 주관성이 강해 객관화하기가 어렵습니다. 그래서 우리가 어떤 냄새를 맡아도 그 정체를 파악하기 어렵습니다. 우리에게 익숙하고 강한 냄새인 경우, 예를 들면 석유라든지 커피의 경우도 아무런 사전 정보 없이 냄새만으로 무엇인지 알아낼 확률은 50% 정도에 불과합니다. 그러니 우리가 알지 못하는 물질이나 일상생활에서 드물게 접하는 물질은 냄새만으로 그 물질이 뭔지 알아맞히기는 무척 어렵습니다.

》 후각에만 의지한 정보는 《 정확성이 떨어져

후각 수용체에서 생성된 전기 신호는 후각 신경을 통해 뇌로 올라가는데, 다른 감각과는 다른 점이 있습니다. 다른 감각은 모두 '시상'이라는 중간 과정을 거쳐 뇌의 특정 영역으로 전달되어 감각이 지각되는 반면, 후각은 이런 중간 단계 없이 바로 대뇌의 후각 피질에 전달됩니다.

프랑스 작가 마르셀 프루스트가 쓴 『잃어버린 시간을 찾아서』라는 소설의 주인공은 홍차에 적신 마들렌의 냄새를 맡으면서 어린 시절을 회상합니다. 여기서 '프루스트 현상'이라는 말이 만들어졌는데, 냄새를 통해 과거를 기억하는 현상을 뜻합니다. 이렇듯 특정한 냄새는 시각이나 청각 같은 다른 감각보다 더 빠르고 확실하게 과거의 기억을 떠올리게 합니다. 하지만 그 냄새와 관련된 기억을 떠올리는 자극만 줄 뿐이고, 후각과 관련된 다른 기억들이 함께 연결되어야 기억이 재생됩니다. 그래서 후각에만 의지하는 정보는 정확하지 않을 수 있습니다.

와인 전문가는 다양한 종류의 와인에서 나오는 향을 구분할 수 있습니다. 그런데 이들에게 잘못된 시각적 단서를 주면 향을 구분하는 능력이 현저히 떨어집니다. 같은 와인을 잔 두 개에 각각 따른 다음, 하나에만 향이 전혀 없는 색소인 안토시아닌을 첨

가해 색깔을 달리하면 전문가들 대부분은 두 개의 와인에서 전혀 다른 향과 맛이 난다고 감별합니다.

악취든 향수든 냄새를 오래 맡으면 냄새가 약하게 느껴지거나 완전히 못 맡기도 하는데, 이런 현상을 '순응'이라고 합니다. 순응 현상은 감각의 일반적인 특징이지만, 후각은 다른 감각에 비해 순응이 특히 더 잘 나타나서 하루 종일 맡는 자신의 체취나 입 냄새는 거의 느끼지 못합니다.

15

매운맛은 맛이 아니고, 감칠맛은 맛이라고?

후각은 기체로 된 화학 물질을 감지하고, 미각은 고체나 액체 형태의 화학 물질을 감지합니다. 음식을 먹을 때는 후각과 미각이 동시에 자극이 되는데, 맛은 먹는 사람의 침 상태, 호흡, 씹는 속도나 횟수 등 다양한 요인의 영향을 받습니다. 그뿐만 아니라 씹히는 촉감과 색, 온도도 맛에 주요한 역할을 하지요. 그런데 맛은 모두 몇 가지가 있을까요?

혀를 내밀어 자세히 보면 가운데는 약간 흰색이고 가장자리는 붉은빛을 띱니다. 혓바닥이 우둘투둘하게 보이는 것은 유두 때문인데, 유두의 종류가 부위마다 달라 혀 색깔이 부위별로 다르게 보입니다. 유두란 솟아오른 다양한 모양의 돌기를 뜻하는 말로, 혀에 있는 유두는 눈에 보일 듯 말 듯 아주 작습니다.

유두를 현미경으로 관찰하면 하나의 유두에 수백 개의 꽃봉오리처럼 생긴 맛봉오리(미뢰)가 있습니다. 사람의 혀에는 대략 5,000개 정도의 맛봉오리가 있고, 이 맛봉오리마다 50~100개의 미각 세포가 꽃봉오리처럼 겹쳐 있지요. 이 맛봉오리는 주로 혀에 있지만 입천장과 후두, 인두 등에도 있어서 혀가 없어도 맛을 느낄 수 있습니다.

》 단맛, 신맛, 짠맛, 쓴맛, 감칠맛 《
다섯 가지가 존재

우리가 '음식이 맛있다'고 하면 음식의 맛이 좋다는 주관적인 표현이지만, 학문적으로 '맛'이란 단어는 음식이 혀에 닿을 때 느끼는 감각을 뜻합니다. 이런 뜻으로 보면 모든 음식은 특정한 맛이 존재한다고 할 수 있습니다. 20세기 전까지 단맛, 신맛, 짠맛, 쓴맛 네 가지 기본 맛이 밝혀져 있었는데, 20세기 초에 일본 과학자가 해조류 국물에 들어 있는 글루탐산이 감칠맛을 낸다는 사실을 밝힌 이후 현재 맛은 감칠맛까지 다섯 종류가 확인되었습니다. 이 다섯 가지 맛은 각각 그 맛을 내는 화학 물질이 밝혀지고, 이것이 혀에 있는 미각 세포를 자극한다는 사실이 밝혀졌기 때문에 맛이라고 불립니다.

음식을 구성하는 화학 물질이 미각 세포를 자극하면 세포에서는 전기 신호가 만들어지는데, 수소 이온이 자극하면 신맛을, 나트륨 이온이 자극하면 짠맛을 느낍니다. 반면 단맛, 쓴맛, 감칠맛 등은 그 맛을 가진 화학 물질이 수용체와 결합한 후 조금 복잡한 과정을 거쳐 맛으로 지각됩니다. 흔히 맛의 일종으로 생각되는 매운맛이나 떫은맛은 맛으로 분류되지 않습니다. 이것들은 미각 세포의 작용이 아니라 통증을 유발하는 신경이나 촉감을 매개하는 신경이 자극되면서 느껴지는 감각이기 때문이지요.

매운맛은 통증과 같은 피부 감각입니다. 매운 고추를 먹으면 처음에는 따갑다가 조금 지나면 입안이 얼얼해지는데, 이는 통증 신경 세포가 두 단계에 걸쳐 대뇌에 신호를 전달하기 때문입니다. 처음에는 매운맛을 느끼자마자 위급 상황에 대한 경보로 0.1초 만에 대뇌로 신호를 보내고, 그 뒤로 지연 통각이라고 해서 얼얼해짐을 알립니다. 고추를 먹고 나서 느끼는 통증은 주로 지연 통각입니다.

우리가 느끼는 매운맛은 상당히 넓은 범위의 감각을 포괄합니다. 크게 구분하면, 매운맛이 오래 지속되는 '뜨거운 형태'와 짧게 느껴지다가 금방 없어지는 '날카로운 형태' 두 가지입니다. 뜨거운 형태는 고추, 생강, 후추 등을 먹을 때 느끼는 맛으로, 이들은 열에 강해서 뜨겁게 가열해도 매운맛이 살아 있습니다. 고추가 매

운 이유는 캡사이신 성분 때문인데, 장기간에 걸쳐 반복적으로 자극을 받으면 관련 신경이 퇴행하면서 입안의 통증 신경이 무디어집니다. 날카로운 형태의 매운맛은 열에 약해 가열하면 매운맛이 사라집니다. 고추냉이, 겨자, 마늘 같은 음식에서 나는 매운맛이 그렇지요.

떫은맛은 맛이라기보다 입안의 점막이 수축되는 느낌입니다. 주로 폴리페놀이 많이 함유된 음식을 먹을 때 느껴지지요. 폴리페놀은 혀의 점막 단백질과 강하게 결합하여 점막을 수축시킵니다. 떫은맛이 쓴맛, 매운맛과 복합적으로 느껴지는 불쾌한 느낌을 아린 맛이라고 합니다.

》 혀의 맛 지도는 《
근거 없는 이야기

예전 생물 교과서에는 혀의 맛 지도가 꼭 나왔는데, 여기에는 혀의 특정 부분에서 특정 맛을 느낀다고 나옵니다. 이는 1901년 독일 과학자 헤니히의 주장으로, 혀끝은 단맛을, 혀 양옆은 신맛을, 혀 뒷부분은 쓴맛을, 짠맛은 혀 전체에서 느낀다는 것이었지요. 그런데 최근 이 맛 지도는 근거 없는 주장으로 밝혀졌습니다. 민감도는 조금씩 다르지만 미각 세포가 거의 없는 혀 중간 부분을 제외하면 혀의 모든 부분에서 모든 맛을 감지할 수 있습니다.

음식이 혀에 닿는 순간부터 미각을 뇌에서 느끼기까지의 시간은 맛에 따라 차이가 있습니다. 신경 전달 속도가 다르기 때문이지요. 짠맛이 가장 짧고 다음이 단맛 → 신맛 → 쓴맛 순입니다. 이 반응 시간은 음식이 닿은 면적에 따라서도 달라지는데, 혀의 넓은 면적이 동시에 자극되면 짧아집니다. 그렇지만 어떤 경우에도 반응 시간이 1~2초이기 때문에 실제 그 차이가 거의 느껴지지는 않습니다.

그런데 미각 자극이 없어진 다음에도 잠시 동안 미각이 지속됩니다. 음식을 다 삼킨 다음에도 입안에 맛이 느껴지는 거지요. 맛에 따라 그 지속 시간은 다른데 쓴맛이 비교적 깁니다. 그래서 쓴맛이 입에 오래 남는 것이랍니다.

✻ 집중력을 높이는 방법은?

첫 번째는 스트레스를 받는 거야. 시험이 코앞에 닥치면 우리 몸의 교감 신경 활성도가 올라가게 돼. 그러면 스트레스를 받을 때와 비슷하게 되면서 뇌는 평소보다 쉽게 각성되고, 집중력도 일시적으로 높아져.

시험 전날 벼락치기로 공부한 것에 비해 높은 점수가 나오는 까닭이 여기에 있어.

두 번째는 두려움을 느끼는 거야. 두려운 감정을 자극하면 편도체와 해마가 반응해서 정서와 정보를 기억하거든.

세 번째는 소리를 내서 반복해. 소리를 내서 오감을 자극하면 주의력을 높이는 세로토닌의 분비가 활발해지거든.

그런데 집중할 수 있는 시간이 30분에서 1시간 정도야. 중간중간 쉬어 주는 게 좋아.

오, 그렇단 말이죠?

맞아요. 공부는 쉬어 가면서 하는 거라고요.

헤헤

10분만 자야지

일어나!

헉, 학교 시험 시간이잖아! 순간 이동을 한 기분이네?

3장

호흡

16

공기 속 오염 물질은 어디서 걸러질까?

숨을 들이마시고 내쉬는 것을 호흡이라고 하는데, 이것은 인체에 산소를 공급하고 이산화 탄소를 내보내는 과정입니다. 숨을 쉬어 허파에서 흡수된 산소가 세포에 전달되기 위해서는 혈액 순환 과정을 거치게 되는데, 일반적으로 '호흡'이라고 하면 허파에서의 가스 교환을 뜻합니다.

호흡이 이루어지려면, 즉 허파에서 가스 교환이 이루어지려면 코나 입에서부터 허파까지 공기가 전달되어야 합니다. 허파까지 공기가 전달되는 길을 '기도'라고 합니다. 기도는 코에서 시작합니다. 물론 입으로도 숨을 쉬지만 운동할 때와 같이 많은 공기가 한꺼번에 필요한 경우가 아니면 평상시에는 주로 코로 숨을 쉬고, 또 그렇게 하는 것이 건강에도 좋습니다. 입으로 숨을 쉬면 입안이 금방 건조해지고 공기 중 불순물이 허파로 잘 들어가기 때문이지요.

코에서 허파까지 공기가 이동하는 경로는 '코 → 인두 → 후두 → 기관 → 기관지 → 허파꽈리'입니다. 이 가운데 코에서부터 후두까지를 상기도, 그 아래 기관과 기관지는 하기도라고 합니다. 기관지란 기관의 가지라는 뜻인데, 기관지는 허파 속으로 들어가면서 계속 여러 가지로 나뉘어 허파꽈리 끝에서 끝납니다. 기관부터 허파꽈리까지 따로 떼어 내 보면 마치 브로콜리처럼 보입니다. 브로콜리 잔가지 끝은 작은 방울처럼 보이는데, 기관지 끝에 달린 허파꽈리도 꼭 그렇게 생겼습니다. 이 허파꽈리에서 공기가 혈액과 접촉하게 됩니다.

》 우리 몸속으로 들어오는 《 병균을 감시하는 편도

공기 중에 있는 먼지 같은 오염 물질은 공기가 허파꽈리에 도달하기까지 여러 단계에 걸쳐 걸러집니다. 지름이 $10\mu m$(마이크로미터)

이상인 것들은 대부분 코를 지나면서 걸러집니다. 코를 풀면 나오는 노란 콧물은 코 점막에서 분비되는 분비물과 외부 오염 물질이 섞인 것이지요. 지름이 $10\mu m$보다 작은 것들은 미세먼지라고 하는데, $5 \sim 9 \mu m$인 경우 인두를 통과하면서, 그보다는 작지만 $2\mu m$ 이상인 경우 기관지에서 걸러지고 더 작은 것은 허파꽈리까지 들어갑니다. 아주 작은 입자는 대부분 몸 밖으로 다시 나옵니다.

입을 크게 벌리고 안을 보면 목젖이 보이고, 목젖 뒤로 붉게 보이는 곳이 인두입니다. 인두는 공기와 음식이 몸 안으로 들어가는 입구입니다. 여기에는 공기나 음식에 섞여 들어오는 병균을 감시하는 보초병 조직인 편도가 있습니다. 편도는 '작은 복숭아'라는 뜻인데, 실제로도 복숭아씨처럼 생겼습니다. 편도에 많이 모여 있는 면역 세포들은 안으로 들어온 세균을 공격해 더 이상 몸 안쪽으로 들어가지 못하게 합니다. 감기에 걸리면 목이 아픈 것도 편도에서 세균과 면역 세포 사이에 전투가 벌어지기 때문입니다. 세균이 면역 세포의 공격에 죽으면 항생제를 복용하지 않더라도 저절로 회복이 되지요. 반면 면역 기능이 역부족이면 세균이 허파로 들어가기도 하고, 혈액에 들어가 온몸을 돌아다니게 됩니다.

편도를 지나 식도 아래쪽으로 내려가다 보면 길이 앞뒤 두 개로 갈라집니다. 앞쪽은 후두이고, 뒤쪽은 식도입니다. 후두 입구에는 후두덮개가 있어서 음식을 삼킬 때는 닫혔다가, 숨을 쉴 때는 열립니다. 이것이 제대로 작동하지 않으면 음식이 후두로 넘어가서 기침이 나지요. 이를 두고 사레들었다고 합니다.

후두 중간에는 성대가 있습니다. 성인 남자의 목을 보면 앞으로 약간 툭 튀어나온 것이 있는데, 바로 그 안쪽에 성대가 있습니다. 여자는 성대가 짧아 튀어나온 것이 없지요.

후두 아래로 기관이 이어집니다. 기관이란 공기가 피리 같은 관 모양으로 생겼다는 뜻입니다. 기관은 가슴으로 내려와 가슴뼈 윗부분에서 좌우로 나뉩니다. 여기부터 기관지라고 하고, 허파의 입구에 해당합니다. 기관지는 허파 안으로 들어가면서 계속 가지를 치는데, 스무 번 정도 갈라지면 지름이 1mm 미만이 되고 여기서 세 번 더 가지를 치면 허파꽈리가 됩니다.

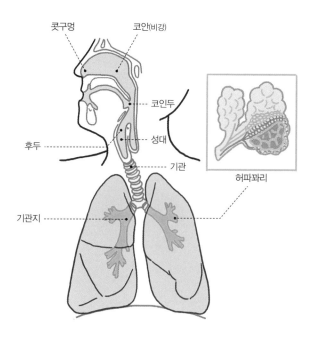

| 우리 몸의 호흡 계통과 허파꽈리 |

》 기관지 속 오염 물질은 《
기침으로 배출해

기관지 내부는 점액으로 축축하기 때문에 기관지로 들어오는 오염 물질, 세균, 바이러스 같은 것들은 끈끈한 점액층에 붙었다가 점막에 있는 섬모에 의해 위쪽으로 보내집니다. 마치 물건이 섬모라는 컨베이어 벨트 위에서 운반되는 것과 같습니다. 기도 내벽에는 세포 하나당 200개의 섬모가 있는데, 초당 13회의 빠른 속도로 먼지를 밀어냅니다. 기도에서 유해 물질이 제거되는 데는 20~30분이 걸리며, 인두까지 올라온 점액은 식도로 넘어갑니다. 점액 양이 많으면 기침을 통해 가래로 배출됩니다.

허파 깊숙이 작은 기관지에 있는 가래는 그냥 기침으로만 배출하기 어렵습니다. 그래서 일단 조금 넓은 기관지로 올려야 하는데, 이를 위한 가장 좋은 방법은 숨을 힘껏 들이마셨다가 빨리 내쉬는 것입니다. 이렇게 하면 기관지를 압박하는 효과가 있어서 분비물이 위쪽으로 올라갑니다. 이때 기침을 하면 수월하게 가래가 배출되며, 손바닥으로 등을 두드리면 효과가 더욱 좋습니다.

17

얼마나 오래 숨을 참을 수 있을까?

평상시 우리는 숨 쉬는 것을 의식하지 못합니다. 심장이 뛴다는 사실을 의식하지 못하는 것과 마찬가지지요. 일상생활에서는 우리가 숨을 쉬고 있다는 사실을 거의 인식하지 못하며, 이를 느낀다면 오히려 숨 쉬는 것이 편하지 않다는 뜻입니다. 그런데 숨은 얼마나 참을 수 있을까요?

숨 쉬는 것이나 심장 박동, 소화 활동 등은 모두 자율 신경에 의해 작동하는 것인데, 호흡은 다른 자율 신경에 의해 조절되는 것과는 조금 다릅니다. 호흡은 자신의 의지대로 빨리 할 수도 있고, 천천히 할 수도 있습니다. 잠깐 멈출 수도 있지요.

성인의 허파에 들어 있는 공기의 양을 모두 합치면 5L 정도입니다. 그런데 숨을 완전히 내쉰 뒤에도 허파꽈리가 찌부러지지 않으려면 공기가 어느 정도는 남아 있어야 하는데 이 양이 1.5L 정도입니다. 그래서 우리가 숨을 최대한 크게 들이마시고 내쉴 수 있는 최대 용량은 3.5L입니다. 평상시 안정된 상태에서 한 번 숨을 들이마셨다가 내쉬는 호흡량은 500~750mL이지요.

》 숨을 무한정 참을 수도 《 무한정 빨리 쉴 수도 없어

사람이 숨을 최대한 들이마신 다음 허파에 남은 산소가 소비되는 속도를 계산해 보면 숨을 최대한 3분 정도 참을 수 있다고 합니다. 이것은 이론적인 수치인데, 보통 사람들은 이보다 훨씬 짧습니다. 영국 해군들이 수중 탈출 훈련을 하면서 물속에서 숨을 참을 수 있는 시간을 측정해 봤는데, 평균 37초였습니다. 수온이 섭씨 25도인 수영장에서의 결과입니다. 그런데 물이 차가우면 숨을 참을 수 있는 시간은 훨씬 줄어듭니다. 그래서 찬물에 빠지면 빨리 죽습니다.

호흡이 멈추면 혈액 내 산소는 감소하고 이산화 탄소는 증가합니다. 동맥에는 혈액 내 산소와 이산화 탄소의 압력을 감지하는 수용체가 있어서 그 정보가 뇌에 전달됩니다. 이 정보를 뇌간, 특히 연수에서 해석해 호흡하는 근육에 신호를 보내 숨을 쉬도록 합니다. 우리가 의지를 가지고 숨을 참으려고 해도, 이런 신경 활동이 자동으로 개입하기 때문에 숨을 한계 이상 참을 수 없습니다. 그래서 물에 빠져도 숨을 쉴 수밖에 없고, 공기 대신 물이 허파에 들어가서 익사하게 됩니다.

숨을 무한정 참을 수 없는 것과 마찬가지로 숨을 무한정 빨리 쉴 수도 없습니다. 호흡을 아주 빠르게 해서 분당 60회까지 증가시키면 20~30초 내에 현기증이 생겨 의식을 잃고 쓰러집니다. 이는 혈액 내 이산화 탄소가 과도하게 낮아져서 혈액이 알칼리성으로 변하기 때문입니다. 이렇게 되면 전해질 이상이 나타면서 근육이 경직되고 이상 감각이 나타나며 혈관 경련이 일어나게 됩니다. 호흡 횟수를 증가시키지 않고 심호흡을 지속해도 이런 반응이 나타납니다.

》 말이나 노래를 하면 《 호흡 횟수가 줄어

우리가 말을 할 때는 숨 쉬는 것이 달라집니다. 물론 이것도 자동적으로 이뤄지는 과정이기 때문에 굳이 의식되지 않습니다. 말을 할 때 호흡 횟수는 감소하고 한 번 들이마시는 양은 증가합니다. 평상시 호흡 횟수는 분당 14~16회이지만, 말할 때는 12회입니다.

반면 공기의 양은 평상시에는 500mL 정도를 들이마시고 내쉬지만 말을 할 때는 이보다 서너 배 증가합니다. 노래할 때는 호흡 횟수가 더 줄어들지요.

또 숨을 들이마시는 시간과 내쉬는 시간의 비율도 변합니다. 평소에는 숨을 내쉬는 시간이나 들이마시는 시간이 비슷하지만, 말할 때는 숨을 빨리 들이마시게 되고, 천천히 내쉬기 때문에 내쉬는 시간이 6~7배까지 길어집니다. 노래할 때는 50배까지 길어지지요. 직업적인 가수들은 순간적으로 숨을 들이마시고 천천히 길게 공기를 내쉽니다. 물론 허파 기능이 좋아야 이런 것이 가능하겠지요. 그래서 허파가 좋지 않은 사람들은 성대가 괜찮더라도 목소리가 좋지 않게 됩니다.

폐활량은 25세를 정점으로 서서히 줄어들어 60세가 되면 20~30%까지 줄어듭니다. 70세 이후가 되면 1회 호흡량도 300mL 정도로 줄어들지요. 허파 자체의 부피 변화 없이 폐활량만 줄기 때문에 공기의 흐름이 없는 부위가 늘어나 산소와 이산화탄소의 교환 능력이 떨어집니다. 그 결과 피 속에 녹아 있는 산소의 양은 70세가 되면 40대의 70%까지 줄어들게 됩니다.

18

말소리는 어떻게 만들어질까?

사람 입에서 나오는 모든 소리는 목소리라고 합니다. 의학이 발전하지 않았던 과거에도 소리가 목에서 만들어진다는 사실을 알고 있었다는 거지요. 목소리는 끽끽거리는 소리도 포함하고, 말이 되는 소리도 포함하는데, 이렇게 뜻을 전달하는 말소리를 '음성'이라고 합니다. 그런데 목소리는 어떻게 나오는 걸까요?

우리가 어떤 말을 해야겠다고 뇌에서 생각한 다음 신경계를 통해 신호를 목에 전달하면 목에서 말소리가 만들어집니다. 소리는 성대가 진동해서 나는 것인데, 성대만 진동해서 되는 것은 아니고 성대 이외에도 여러 기관이 협동해서 작동해야 합니다. 이를 '발성 기관'이라고 합니다.

발성 기관은 발생기, 진동기, 공명기, 조음기까지 모두 네 부분으로 구성됩니다. 발생기는 공기를 성대 쪽으로 보내는 허파를 말하고, 진동기는 성대가 진동하는 후두를 말하며, 공명기는 성대에서 나는 소리가 공명하는 공간인 코, 입, 인두와 같이 공기가 들어 있는 공간을 말하며, 조음기는 혀, 입술, 입천장, 턱, 치아 등 소리를 마지막으로 조율하는 곳입니다.

》 현악기의 줄처럼 《
성대가 진동하며 소리를 내

바이올린이나 기타 같은 현악기는 줄이 진동하며 소리를 냅니다. 우리 몸에서는 성대가 줄 같은 역할을 합니다. 실제로 성대는 바이올린 줄처럼 생겼습니다. 길이는 2cm 정도이고, 좌우 1개씩 쌍으로 있지요. 한번 '아아' 하고 소리를 내면서 목에 손을 대 보세요. 울림이 있는 곳이 바로 성대가 있는 후두입니다.

일상적인 대화에서 성대는 초당 100~250번 떨립니다. 이를 진동수라고 하고, Hz(헤르츠)로 표시합니다. 남성은 100~150Hz, 여성은 200~250Hz입니다. 진동수는 성대 길이와 긴장도에 의해 결정됩니다. 성대 길이가 짧을수록 고음을 내는데, 남성의 성대가 여성보다 40% 정도 길기 때문에 한 옥타브 낮은 목소리를 내는 것이지요.

성대의 길이는 목에 힘을 주는 등의 인위적인 노력을 해도 조절이 불가능하지만, 긴장도를 조절하면 진동수를 변화시킬 수 있습니다. 훈련을 하면 음높이의 범위를 확장할 수 있는데 보통 사람들은 2옥타브 정도의 음역을, 훈련된 성악가는 3옥타브 정도의 음역을 갖게 됩니다. 피아노를 제외한 일반적인 악기는 3, 4옥타브 음역대를 가지는데, 베이스부터 소프라노까지 인간이 낼 수 있는 음역을 모두 더하면 4옥타브에 해당합니다. 따라서 인간의 목소리만으로도 아카펠라 같은 훌륭한 음악을 만들어 낼 수 있는 것입니다.

》 구강, 비강, 인두가 《 우리 몸의 공명기

악기는 대부분 공기의 진동을 증가시키는 공명기를 가지고 있습니다. 바이올린이나 기타의 통이 공명기 역할을 하고, 사람 몸에서는 구강, 비강, 인두 등이 이런 역할을 합니다. 사실 성대에서 만들어진 음성은 아주 약합니다. 그 약한 소리가 공명 공간을 통과하면서 증폭되는 덕분에 소리가 커집니다. 또 처음 소리가 성대에서 만들어질 때는 여러 진동수의 소리가 섞여 있는데, 공명기를 통과하면서 특정 진동수의 소리가 커져서 입으로 나옵니다. 훈련

받은 성악가는 이런 조절 능력이 뛰어나 오케스트라 연주와 함께 해도 마이크의 도움 없이 자신의 목소리를 청중에게 전달할 수 있습니다.

소리가 공명이 되는 부위는 기도뿐만이 아닙니다. 사실 우리 몸의 모든 부위가 공명기 역할을 조금씩이나마 합니다. 성악을 하는 사람들은 흉성과 두성이라는 말을 씁니다. 발성할 때 공명된 소리의 진동이 전달되는 부위가 가슴 쪽이면 흉성이라고 하고, 머리 쪽이면 두성이라고 하지요. 하지만 실제로 이런 부위에서 소리의 진동이 어떻게 이뤄지는지는 명확하지 않습니다.

공기가 허파 → 성대 → 공명기를 통과해서 조음기를 거쳐야 비로소 말소리가 됩니다. 일반적으로 조음기 하면 혀만 생각하지만, 혀 단독으로는 불가능하고 입술, 치아, 연구개 등이 조화롭게 같이 움직여야 합니다. 한글이 과학적으로 만들어졌다는 근거 중

하나는 기본 자음, 예를 들면, 'ㄱ,ㄴ,ㅁ,ㅅ,ㅇ' 등이 그것을 발음할 때 조음기의 해부학적인 위치를 본떠 만들어졌다는 사실입니다. 예를 들어, 'ㄱ'은 '기역' 또는 '그'라고 발음할 때 혀뿌리가 목구멍을 막는 모습을 본뜬 것이고, 'ㅇ'은 목구멍의 모습을 본뜬 것이지요. 외국인이 한국어를 배우기 쉬운 것도 글자와 발음이 서로 연상되기 때문입니다.

19

한숨을 쉬지 못하면 죽는다고?

한숨이란 큰 숨이라는 뜻으로, 보통보다 크고 길게 내쉬는 숨입니다. 일반적으로는 한숨을 쉬고 난 뒤에 호흡이 잠깐 멈춥니다. 옆 사람이 한숨을 쉬면 대부분 무슨 일이 있냐고 걱정합니다. 그런데 한숨은 왜 쉬는 걸까요?

한숨은 보통 걱정이나 불안 등과 같은 안 좋은 상황에서 주로 나온다고 생각되지만, 즐겁거나 걱정이 싹 가시는 안도의 순간에도 나옵니다. 한숨은 미소와 마찬가지로 사회적인 신호의 역할을 합니다. 특히 안도의 한숨은 전염성이 강해 문제를 막 해결한 사람이 한숨을 '푸우' 쉬면 옆 사람도 동시에 쉬게 됩니다.

한숨은 감정 상태의 변화에 따른 호흡의 변화입니다. 한숨에는 생리적인 효과도 있는데, 한숨을 쉬면 허파를 최대한 팽창시키기 때문에 허파꽈리가 찌부러지는 것을 예방합니다. 그러므로 가끔씩 한숨을 쉬어서 허파꽈리를 팽창시켜 주면 허파꽈리의 탄성도가 증가해 폐렴에 걸리더라도 쉽게 찌부러지지 않습니다.

》저산소증이 생기면 《
한숨을 쉬어야 해

한숨이 생존에 필수적이라는 사실은 쥐 실험에서 증명되기도 했습니다. 쥐를 유전적으로 조작해서 한숨을 못 쉬게 했더니 빨리 죽었는데, 원인은 허파의 문제였다고 합니다.

사람들은 잠들려고 할 때 또는 잠에서 깨어날 때도 하품과 함께 한숨을 쉽니다. 이는 한숨이 수면-각성 신경계와 관련된다는 사실을 암시합니다. 우리가 일정 시간 활동을 하면 잠이 오고, 잠을 일정 시간 자면 깨어나게 됩니다. 이를 수면-각성 주기라고 하는데, 신경계의 작용입니다.

유아의 수면을 관찰해 보면, 잠을 깨는 첫 신호가 한숨이라는 것을 알 수 있습니다. 한숨을 내쉰 다음 몸을 뒤척이다가 눈을 뜨고 머리를 움직여 일어납니다. 또한 한숨은 저산소증 상황에서도 나타납니다. 잠자는 아이에게서 관찰된 현상인데, 얼굴을 바닥에 대고 자는 아이는 한숨을 쉬면서 깨어나 머리를 돌린 후 다시 잠을 잡니다.

영아 돌연사 증후군은 아기가 특별한 이유가 없이 어느 날 자다가 갑자기 죽는 병인데, 이 아이들의 과거 수면을 조사해 보니 잠자는 중에 한숨을 쉬는 횟수가 정상에 비해 훨씬 적었습니다. 엎드려 자는 상황에서 저산소증이 생기면 한숨을 쉬면서 몸을 움직여야 되는데, 그렇게 하지 못해서 사망하게 된 것이지요.

》 과다 호흡을 하면 《
불안증을 유발할 수 있어

이처럼 한숨은 생존에 꼭 필요한 생리적인 현상입니다. 힘든 일을 할 때, 말을 할 때, 심리적인 변화가 생길 때, 잠들거나 깰 때 같은 상황마다 호흡 패턴이 변하는데 한숨을 쉼으로써 평상시의 호흡 패턴을 회복하게 됩니다. 그런데 병적인 한숨도 있습니다. 한숨을 너무 자주 쉬면, 문제가 생깁니다. 대표적인 병이 공황 장애입니다. 공황 장애란 갑자기 불안해지며 숨쉬기가 어렵고 곧 죽을 것 같은 느낌이 드는 병이지요. 환자들은 숨을 쉬기가 어렵다고 호소하지만 실제로는 과다 호흡을 합니다. 과다 호흡을 하면 현기증이 생기거나 의식을 잃기도 하지요.

공황 장애는 불안증이 원인입니다. 그런데 최근 한숨을 연구하면서 밝혀진 사실은, 뇌에 있는 호흡 중추의 이상으로 과다 호흡을 하면 불안증이 유발될 수도 있다는 점입니다. 불안증 때문에 과다 호흡을 하는 것이 아니라, 과다 호흡을 하는 병이 있어서 불안증이 생길 수도 있다는 것입니다.

4장

순환과 혈액

20

심장을 떠난 혈액이 다시 돌아오는 데 걸리는 시간은?

각기 다른 기능을 하는 세포들로 이루어진 다세포 동물은 세포와 세포 사이의 정보 교환을 위한 시스템이 필요한데, 이것을 순환계가 담당합니다. 순환계는 우리 몸의 각 부분에 영양분과 산소를 공급하고, 세포에서 대사되고 남은 찌꺼기를 제거하기 위해 액체를 순환시키는 시스템으로, 혈액이 순환하는 심혈관계와 림프가 순환하는 림프계가 있습니다.

순환계의 중심인 심혈관계는 펌프 엔진인 심장과 순환 통로인 혈관으로 구성됩니다. 우리 몸의 심혈관계는 혈액이 혈관 밖으로 나가지 않는 폐쇄 순환계로, 혈액이 혈관 밖으로 나와서 조직 세포들 사이를 순환한 다음 심장으로 돌아오는 개방 순환계와 대비됩니다. 메뚜기나 오징어 같은 절지동물이나 연체동물이 개방 순환계이지요. 어류부터 인간에 이르는 척추동물과 일부 무척추 동물은 폐쇄 순환계로, 혈관을 순환하고 돌아온 혈액이 심장의 심방에 모인 다음, 펌프 엔진인 심실로 이동해 다시 심장 밖으로 나갑니다. 가장 초보적인 폐쇄 순환계인 어류의 심장은 1심방 1심실이며, 조류와 포유류의 심장은 2심방 2심실 구조입니다.

심장 자체는 완전히 근육으로 이뤄진 조직입니다. 평균 길이는 12cm이고, 앞뒤 두께는 6cm 정도로, 자기 주먹만 합니다. 심장은 펌프 엔진 기능을 하는 근육 조직으로, 사람이 70세까지 산다면 심장은 평생 20억 번 정도 뛰어야 하기 때문에 지치지 않는 근육이 필요합니다. 건강한 성인의 심장 근육이 평상시 사용하는 산소는 전체 산소 소모량의 10% 정도인데, 이는 전속력으로 달릴 때 다리 근육이 사용하는 산소량과 비슷합니다.

》 혈액이 모이는 심방 《
혈액을 내보내는 심실

심혈관계는 허파에서 흡입한 산소와 간에서 재조합된 영양분을 신체 곳곳에 배분하고, 세포가 내놓은 배설물을 간이나 콩팥으로 운반하는 일을 합니다. 먼저 허파에서 흡수된 산소를 가진 혈액은 허파 정맥을 거쳐 일단 심장의 좌심방으로 간 다음 바로 좌심실로 이동합니다. 좌심실은 이 혈액을 대동맥으로 내보냅니다.

굵은 혈관인 대동맥은 하나의 관으로 되어 있는데, 가슴과 복부로 내려오면서 수많은 가지를 내어 혈액을 분산시킵니다. 마치 하나의 나무 기둥에서 작은 가지가 여러 개 뻗어 나가는 것과 비슷합니다. 이렇게 동맥은 점차 가느다래져서 세포 하나하나와 연결된 모세 혈관에까지 이릅니다. 모든 세포는 0.02mm 이내에 있는 모세 혈관을 흐르는 혈액으로부터 산소와 영양분을 공급받고, 노폐물을 배출합니다. 모세 혈관은 우리 몸속 거의 모든 조직에 조밀하게 분포해 총 면적이 5,000m²에 달하며, 이는 우리 몸속 혈관 면적의 90% 이상을 차지하지요.

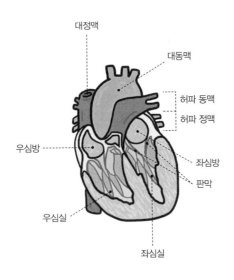

| 심장 |

세포를 돌고 나온 모세 혈관은 다시 가느다란 정맥으로 모이고, 다시 굵은 정맥으로 모입니다. 마치 작은 시냇물이 모여 큰 강을 이루듯 대정맥으로 모이고 심장으로 돌아가 다시 순환을 시작합니다. 그러니까 혈액은 정맥 → 우심방 → 우심실 → 허파 동맥 → 허파 모세 혈관 → 허파 정맥 → 좌심방 → 좌심실 → 동맥 → 모세 혈관 → 정맥으로 폐쇄된 관을 순환하는 것이지요.

》 1분에 한 번씩 《
심장으로 돌아오는 혈액

심장이 한 번의 수축으로 내보내는 혈액은 70mL로, 작은 요구르트 한 병 정도의 분량입니다. 좌심실이나 우심실은 동시에 수축하므로 좌심실이나 우심실에서 한 번 방출되는 혈액은 같습니다. 심장은 1분에 70번 정도 박동하니까 1분에 5L의 혈액을 내보내는 건데, 이는 우리 몸의 전체 혈액량에 해당하므로 모든 혈액은 1분에 한 번은 심장을 거치게 되는 셈입니다. 인체의 모든 혈액이 그렇다는 것은 아닙니다. 예를 들어, 팔로 가는 동맥혈은 훨씬 빨리 심장으로 돌아오고, 다리로 가는 혈액은 더 시간이 걸립니다. 평균치가 그렇다는 거지요.

좌심실에서 나온 혈액이 분포하는 곳은 운동량에 따라 많이 달라집니다. 육체적인 활동이 활발하지 않은 상태에서는 소화 기관에 25%, 골격근에 20%, 콩팥에 20%, 뇌에 15%, 심장 근육에 10%, 나머지 10% 정도 분포합니다. 소화 기관과 골격근은 워낙

부피가 커서 혈액량이 절대적으로 많습니다. 반면 콩팥, 뇌, 심장 등은 부피가 상대적으로 작은데도 혈액량이 아주 많지요. 그만큼 대사 작용이 활발히 이뤄지는 곳이라는 뜻입니다.

심한 운동을 하면 골격근에 전체 혈액의 80%가 공급되고, 뇌, 소화 기관, 콩팥 등에는 각각 5% 정도만 배당됩니다. 그러나 운동을 심하게 할수록 심장 박동이 평상시의 다섯 배까지 증가하기 때문에 뇌, 소화 기관, 콩팥 등으로 가는 절대적인 혈액량 자체는 심하게 줄어들지 않는 것이지요.

순환과 혈액

21

운동선수들은 맥박이 느리게 뛴다고?

팔다리 동맥을 만져 보면 심장 박동을 느낄 수 있습니다. 이를 맥박이라고 하는데, 심장의 박동이 혈관 벽을 타고 내려오는 파동이지요. 좌심실이 수축하는 순간과 거의 동시에 맥박이 뛰며, 심장 박동을 그대로 반영하기 때문에 맥박 횟수와 심장 박동 수는 같습니다.

심장은 몸에서 분리되더라도 적당한 소금 농도만 맞추어 주면 스스로 규칙적인 수축 활동을 합니다. 영양 공급이 되면 더 오래 지속됩니다. 심장에는 전기 신호를 발생시키는 곳이 따로 있고, 이 신호를 2심방 2심실 곳곳에 전달할 수 있는 전깃줄 같은 시스템이 있기 때문입니다.

심장은 보통 1분에 60~80회 정도 뜁니다. 가만히 있을 때 그 정도로 뛴다는 말이고, 상황에 따라 박동 수는 변동이 심합니다. 심장은 따로 떼어 놔도 저절로 뛰는 기관이지만, 신경이 연결되어 있고, 혈액에 돌아다니는 호르몬의 영향을 받기 때문입니다. 몸이 편안한 상태에서는 박동이 느려지고, 흥분하거나 힘든 일을 하면 빨라집니다. 보통 분당 50~100회까지는 정상으로 여깁니다.

》 혈액을 한 방향으로만 《 흐르게 하는 판막

심장에 귀를 대 보면 '둥당- 둥당-' 하는 두 종류의 소리가 연이어 들립니다. 이를 흔히 심장 박동 소리라고 하는데, 사실은 심장 근육이 수축하는 소리가 아니라 심장 판막이 닫힐 때 나는 소리입니다. 팔다리 근육이 수축한다고 소리가 나지 않듯이 심장 근육도 수축한다고 소리가 나지는 않습니다. 심장에는 모두 네 개의 판막이 있습니다. '꽃잎처럼 생긴 막'이라는 뜻인 판막은 실제로도 얇은 꽃잎같이 생긴 두세 개의 막으로 되어 있습니다. 판막이 열리면 혈액이 흐르고 닫히면 멈춥니다. 혈액이 들어온 입구 쪽의 판

순환과 혈액

막이 닫히고 심근이 수축함과 동시에 출구 쪽의 판막이 열리면서 혈액이 한쪽 방향으로 흐릅니다.

심장에 염증이 생기면 판막이 두꺼워집니다. 판막이 두꺼워지면 움직임이 부드럽지 못하기 때문에 제 역할을 제대로 하지 못하고 열리고 닫히는 소리가 커집니다. 이때는 판막을 통과할 때 저항이 생겨 피가 흐르는 소리가 들리고, 판막이 잘 닫히지 않으면 뒤로 역류하는 소리도 들립니다. 판막이 많이 손상되어 돼지의 판막을 떼어 내 이식하거나 인공 판막으로 대체하는 수술을 하면, 딸깍딸깍 쇳소리가 들리기도 합니다.

우리가 잠을 자는 중에도 심장은 뜁니다. 사실 평상시에 우리는 심장이 뛰고 있다는 사실을 느끼지 못합니다. 오히려 가만히 있는데도 심장 박동을 느낀다면 비정상적인 상태라고 할 수 있습니다. 이런 경우는 대부분은 부정맥 때문입니다. 부정맥은 '가지런하지 않은 맥'이라는 뜻인데, 맥박이 불규칙한 경우뿐만 아니라 규칙적이더라도 너무 느리거나 너무 빠른 경우도 포함합니다.

심장 박동이 느려지는 서맥은 아주 흔한 부정맥입니다. 자동차가 서행하듯이 심장도 천천히 뛰는 거지요. 분당 60회 미만의 심장 박동을 서맥이라고 하는데, 부정맥의 범주에 들기는 하지만 대부분은 문제가 되지 않습니다. 일상생활을 하는 데 별로 불편함이 없기 때문이지요. 그래서 서맥을 분당 50회 미만으로 정의하기도 합니다.

》 심장 수축력이 좋은 운동선수는 《
심장이 천천히 뛰어도 괜찮아

평소에 운동을 많이 하는 사람은 평상시 맥박이 1분에 50~60회인 경우가 많습니다. 특히 직업 운동선수는 더 느려져 분당 40회까지 떨어지기도 합니다. 이들은 일상생활에 전혀 문제가 없기 때문에 자기 맥박이 느리다는 것을 모르고 지내다가 건강 검진이나 수술이 필요해서 심전도 검사를 할 때야 비로소 알게 됩니다. 자신은 멀쩡한데, 의사가 더 놀라 심장 검사를 하자고 합니다.

특히 마라톤, 장거리 육상, 수영 선수들은 평상시 맥박이 분당 40회 정도밖에 되지 않습니다. 이들은 심장 수축력이 좋아 심장이 한 번 수축할 때 내보내는 혈액량이 많기 때문에 심장 박동이 느리더라도 전신에 필요한 혈액을 충분히 유지할 수 있지요.

순환과 혈액

그뿐만 아니라 이들은 운동할 때도 맥박이 서서히 증가합니다. 심장 수축력이 좋아서 심장을 조금만 빨리 뛰게 해도 혈액 순환을 충분히 유지할 수 있기 때문이지요. 반대로 평소 운동을 안 하던 사람은 조금만 운동을 해도 금방 맥박이 빨라집니다. 이런 경우는 지구력이 떨어져서 운동을 오래 하기 힘듭니다.

22

혈압이 뭘까?

병원에 가면 입구에 왼쪽 팔을 집어넣고 혈압을 재는 기계가 있는 것을 볼 수 있습니다. 혈압을 재 보면 수축기와 이완기 혈압이 따로 나오는데, 혈압은 무엇을 재는 것이고, 수축기/이완기 혈압은 무엇을 뜻하는 말일까요?

혈압이란 혈관 내부의 압력으로, 신체의 각 부분까지 혈액을 공급하기 위한 것입니다. 혈관에는 동맥과 정맥이 있는데, 혈압은 보통 동맥압을 뜻하지요. 혈관을 수도관에 비유하면, 혈압은 수도관의 압력과 같습니다.

혈압은 수은주의 높이, 즉 수은주밀리미터(mmHg)로 표시합니다. 혈압이 120/80mmHg는 수축기의 혈압이 120mmHg이고, 이완기의 혈압이 80mmHg라는 뜻입니다. Hg는 수은 원소 기호이고, mm(밀리미터)는 높이를 표시한 것이지요. 수축기란 좌심실이 수축했을 때이고, 이완기란 좌심실이 이완되는 시기입니다. 수축하지 않는 이완기라도 동맥에는 혈액이 여전히 순환하고 있기 때문에 그에 따른 압력이 존재합니다.

120mmHg의 압력은 수은이 들어 있는 기둥에서 수은을 120mm 높이로 올리는 압력입니다. 수은이 들어 있는 온도계를 떠올려 볼까요? 온도계는 온도에 따라 수은이 팽창하는 정도를 나타내는 것인데, 온도 대신 압력으로 바꿔 생각하면 됩니다. 수은 120mmHg의 압력은 수은 대신 물로 바꿔 보면 물을 160cm 높이까지 올리는 압력입니다. 키가 160cm인 사람의 심장이 발바닥에 있는 물을 머리끝까지 올릴 수 있는 압력이라는 뜻입니다. 실제로는 심장에서 머리까지의 높이가 50cm 정도이므로 수은주로 계산하는 혈압이 38mmHg 정도면 충분하겠지만 혈액은 물보다 점도가 높고, 아주 가느다란 모세 혈관까지 보내려면 이 정도의 압력이 필요한 것이지요.

혈압은 심장에서 심장보다 위쪽에 있는 머리에 혈액을 보내는 압력이기 때문에 목이 긴 동물은 혈압이 높습니다. 기린이 대표석인데, 같은 기린이라도 목이 길면 혈압이 더 높지요. 기린이 목을 55도 정도 기울이고 서 있을 때의 평균 동맥압은 208mmHg로, 정상 혈압을 가진 사람의 평균 동맥압 83mmHg 보다 2.5배나 높습니다. 혈압은 머리의 위치에 따라서도 달라집니다. 머리의 각도가 직각으로 될수록 혈압이 높아지고, 각도가 작아지면 혈압도 낮아집니다.

》 혈압이 계속 높으면 《
혈관 질환이 생겨

혈압은 혈관마다 다릅니다. 혈압이 가장 높은 곳은 심장이 수축할 때 좌심실 내부의 압력이겠지요. 그리고 이곳에서 곧바로 이어지는 대동맥도 아주 높습니다. 혈압은 심장에서 멀어질수록 낮아져서 모세 혈관에 이르면 15mmHg 정도까지 감소합니다.

혈압은 적당히 유지되어야 합니다. 너무 낮으면 인체 곳곳에 혈액이 공급되지 못하고, 너무 높으면 압력 때문에 혈관이 손상되기 때문입니다. 매일 드릴을 가지고 일하는 사람의 손이 두터워지고 딱딱해지는 것처럼 혈관은 높은 압력을 지속적으로 받으면 탄력을 잃고 딱딱해져 동맥 경화증이 발생합니다. 혈관 내부가 찢어지기도 합니다. 혈관 안쪽의 내막이 파열되면 파열된 곳에 혈전이 생깁니다. 파열된 곳에서는 혈액이 잘 흐르지 못하고 정체되기 때문에 혈액이 굳습니다. 바로 이것이 혈전이고, 혈전이 점점 커지면 결국 혈관이 막히게 됩니다. 이것이 뇌에 발생하면 혈관이 막혀 뇌 기능이 상실된 상태인 뇌경색이 생기고, 심장에 발생하면 심근에 혈액을 공급하는 혈관이 막혀 심장 근육이 기능을 하지 못하는 심근경색이 옵니다. 혈전의 전(栓)은 '마개 전'인데, 와인 병의 코르크 마개처럼 혈관을 막는 것이지요.

또한 혈압이 높으면 동맥으로 혈액을 내보내는 좌심실의 심근이 두꺼워집니다. 힘든 근력 운동을 하면 근육이 커지는데 심근이 두꺼워지면 심근에 필요한 산소량이 증가하여 장기적으로는 심근 기능을 떨어뜨립니다.

혈압이 높을수록 심혈관 질환이 잘 생기는데 이 기준점은 115/75mmHg입니다. 이 수치의 혈압에서 수축기에 20, 이완기에 10 증가할 때마다 심혈관 질환은 두 배씩 증가합니다. 약을 먹어서 혈압을 떨어뜨려야 하는 시기는 혈압이 140/90mmHg 이상일 때입니다. 의학에서 약물 치료를 할 때는 항상 치료 효과와 부작용을 같이 고려합니다. 모든 약은 부작용이 따르기 때문이지요. 사실 모든 것이 적당해야 합니다.

》 혈압이 너무 낮으면 《 쇼크가 와

그러면 혈압이 낮은 저혈압은 어떨까요? 혈압이 최소한 어느 정도가 유지되어야 인체 기능이 원활할까요? 이때 혈압은 수축기와 이완기 혈압의 평균 혈압인 평균 동맥압으로 판단합니다. 수축기 혈압과 이완기 혈압 둘 중 어느 하나만 높아도 고혈압으로 진단하는 것과는 대비됩니다. 바로 이 평균 동맥압이 최소한 60mmHg 이상은 되어야 인체의 곳곳에 혈액과 산소가 공급될 수 있습니다. 이보다 평균 동맥압이 떨어지면 조직 혈류의 심한 감소로 발생하는 세포 손상인 '쇼크'가 오는데, 바로 조치를 취하지 않으면 뇌와 심장이 손상되어 사망합니다.

23

제2의 순환계가 있다고?

순환계는 심혈관계가 중심 역할을 하고, 림프계는 보조 역할을 합니다. 림프계는 제2의 순환계로, 심혈관계와 마찬가지로 생존에 없어서는 안 되는 필수적인 것입니다. 주로 우리 몸의 면역 기능을 담당하는 림프계에 대해 알아볼까요?

분자 수준에서 인체를 구성하는 성분 중 가장 많은 것은 물입니다. 남자는 체중의 60%가 물이고, 여자는 50%가 물입니다. 여자에게 지방이 많기 때문이지요. 인체의 수분은 세포 안과 밖으로 나눌 수 있습니다. 즉, 세포내액과 세포외액으로 나눕니다. 세포를 현미경으로 보면 빈 공간이 많지요. 이곳이 모두 물로 채워져 있다고 생각하면 됩니다. 실제로 인체에 있는 수분의 2/3는 세포내액입니다. 나머지 1/3은 세포 밖에 있지요.

세포외액은 다시 혈액과 간질액으로 나눕니다. '사이 간(間)' 자를 쓰는 간질액은 세포 밖에 있는데, 혈관에 있지 않은 모든 수분을 말합니다. 세포외액 전체의 3/4은 간질액입니다. 나머지는 혈액에 있지요. 우리가 언뜻 보기에 혈액이 물로 되어 있기 때문에 혈액이 인체 전체의 수분 가운데 가장 많은 부분을 차지할 것 같지만 실제로 그렇지 않습니다.

》 혈관을 빠져나온 수분이 《 림프관으로 흘러가

체중이 70kg인 성인의 경우 간질액은 11L 정도 되는데, 인체의 거의 모든 세포가 간질액에 잠겨 있다고 보면 됩니다. 간질액은 세포들의 환경인 셈이지요. 우리 몸의 모든 세포는 간질액에서 산소와 영양분을 얻고 간질액으로 노폐물을 배설합니다. 이렇게만 보면 각 세포들은 간질액이라는 물에 떠서 단세포처럼 활동하는 것이지요.

간질액은 모세 혈관 사이로 혈액과 물질 교환을 합니다. 이러한 물질 교환은 농도가 높은 곳에서 낮은 곳으로 이동하는 확산에 의해 이뤄집니다. 혈액에 있는 적혈구, 백혈구, 혈소판 등은 모세 혈관 벽을 통과할 수 없어서 혈관 안에 남아 있습니다. 그래서 폐쇄 순환계라고 하는 것이지요. 그런데 실제는 혈액의 세포들만 나오지 않을 뿐이지 수분과 화학 성분은 혈관 안팎으로 드나듭니다.

혈액에 있던 수분이 모세 혈관에서 간질액으로 흘러간 것을 하루 동안 모두 모으면 20L 정도입니다. 혈관에 있는 수분이 70kg 남성 기준으로 3.5L 정도이니까 혈관에 있는 모든 수분은 하루에도 5~6번은 혈관 안과 밖을 오간다는 것입니다. 혈관 밖으로 일단 나온 수분은 다시 모세 혈관 안으로 들어가 정맥으로 돌아갑니다. 정맥으로 들어가지 못한 것이 10% 정도 되는데, 이것은 림프관으로 이동합니다. 림프관으로 들어온 이 액체를 림프액이라고 부릅니다.

》 림프절은 《
목, 겨드랑이에서 만져져

영어 림프(lymph)란 말은 물이라는 뜻인데, 실제 림프액은 꿀이나 시럽처럼 걸쭉합니다. 피부에 아주 작은 상처가 났는데, 피는 나지 않고 약간 끈적한 물이 나오는 경우가 있지요? 이것이 림프액입니다. 림프액은 색깔은 없고 물과 죽은 세포, 지방, 단백질, 포도당, 백혈구 등으로 구성되어 있습니다.

림프관은 근육과 피부 사이에 많으며, 종종 근육 밑에도 분포합니다. 림프관 중간에는 림프절이 있습니다. 림프절은 피막에 쌓인 작은 덩어리로, 그 속으로 흘러가는 림프를 여과합니다. 이 림프절에는 면역 계통 세포들이 있습니다. T림프구와 B림프구가 많고, 가지 세포 등도 있습니다. 림프절은 대개 눈에 잘 보이지는 않은데, 팔다리에서 몸통으로 들어가는 부위인 목, 겨드랑이, 사타구니 등에서는 피부에서 만져지지도 합니다. 팔다리에 염증이 있으면 이것들이 더 크게 만져집니다. 림프관-림프절은 다시 골반과 복부에 있는 더 큰 림프관으로 연결되고, 결국 두 개의 큰 림프관에 모여 정맥으로 연결됩니다. 그렇게 인체의 순환계가 작동합니다.

24

혈액은 무엇으로 이루어져 있을까?

우리 몸속 혈액을 모두 합하면 체중의 8%에 해당합니다. 비중은 물보다 약간 높아 1.06이니까 체중이 70kg인 사람은 보통 5L 정도의 혈액을 갖고 있는 셈이죠. 몸속 혈액량은 일정하게 유지됩니다. 피를 흘려도 대량이 아닌 이상 금방 보충되기 때문입니다. 그런데 혈액은 어떤 것들로 구성되어 있을까요?

피를 뽑아 시험관에 가만히 두면 중간 정도에서 위아래 두 층으로 분리됩니다. 아래층에 가라앉는 것은 혈액 세포, 위층은 혈장이라고 합니다. 혈액 세포를 혈구라고도 하는데, 현미경으로 관찰해 보면 둥근 공처럼 생겨서 이런 이름이 붙었습니다. 혈구는 혈액에서 대략 46%를 차지하며, 혈구를 제외한 나머지 액체 성분은 혈장이라고 합니다. 혈구에는 적혈구, 백혈구, 혈소판 세 종류가 있는데, 이 가운데 적혈구가 가장 많습니다.

》 산소 운반 적혈구, 면역 담당 백혈구, 《 응고 담당 혈소판

적혈구는 붉은 혈구라는 뜻으로, 혈액을 슬라이드에 올려놓고 현미경으로 관찰했을 때 붉게 보인다고 해서 붙은 이름입니다. 적혈구의 주요 기능은 허파에서 산소를 공급받아 우리 몸의 각 조직에 전달하는 것입니다. 적혈구에는 산소와 결합하는 헤모글로빈이 들어 있습니다. 혈액 검사 결과지를 보면 적혈구는 L당 5×10^{12}개로 나오는데, 1L의 혈액에 5조 개가 있다는 뜻입니다. 인체의 총 혈액이 5L이니까 적혈구는 총 25조 개인 셈이지요. 이는 인체를 구성하는 총 세포 100조 개의 25%에 해당합니다.

백혈구는 하얀 혈구라는 뜻입니다. 혈액을 원심분리하면 아래층의 혈구와 위층의 혈장이 분리되는데, 혈구 층 윗부분에 하얗고 얇은 층이 보입니다. 백혈구란 이름은 이 하얀 층에 있는 세포라고 해서 붙은 것입니다. 백혈구의 주된 기능은 외부에서 들어오

순환과 혈액

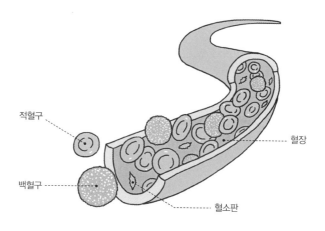

적혈구

백혈구

혈장

혈소판

| 우리 몸의 혈관 |

는 세균이나 바이러스를 공격하는 면역 기능을 담당합니다. 백혈구는 L당 $5×10^9$개 있습니다. 이는 1L의 혈액에 50억 개가 들어 있다는 뜻으로, 적혈구 개수의 1000분의 1에 해당하지요.

혈소판은 '혈액에 있는 작은 판'이라는 뜻입니다. 현미경으로 보면 작은 접시 모양으로 생겼습니다. 혈소판은 출혈을 멈추게 하는 혈액 응고 과정을 담당합니다. 혈소판의 크기는 적혈구의 20% 정도이고, 개수는 $150～450×10^9$개로 적혈구보다는 적고 백혈구보다는 많습니다.

혈구는 뼈 안쪽에 있는 조직인 골수에서 만들어집니다. 적혈구의 수명은 120일인 반면 혈소판은 7~10일 정도이고, 백혈구는 평균 1~2일로 짧습니다. 사실 백혈구는 종류에 따라 생존 기간이 다양한데, 기능에 따라 6~12시간 동안 혈액을 돌아다니다 임무를 마친 후 수명을 다하기도 하고, 세균이나 바이러스 감염이 있는 경우는 그 속도가 더 빨라지기도 합니다. 백혈구의 30~40%를 차지하는 림프구는 대부분 림프절이나 비장 등의 면역 소직에 사리하는데 몇몇은 며칠 이상 살아 있기도 하고 몇몇은 몇 년 동안 기능을 하기도 합니다. 골수에서 만들어진 혈소판도 혈액을 순환하다가 혈관이 손상되면 그곳으로 가 자신의 몸으로 손상을 메우고 수명을 마칩니다. 별다른 일이 없으면 혈액을 돌다가 7~10일 정도 지나면 수명을 마치지요.

혈액에서 혈구를 뺀 혈장은 혈액의 54%를 차지하는데, 이 가운데 95%는 물입니다. 나머지 5%는 알부민, 혈액 응고 인자, 항체 같은 단백질 성분과 포도당, 아미노산, 지방산 같은 영양소 그리고 전해질, 호르몬 등인데, 이런 성분이 물에 녹아 있는 것이지요. 대부분 물에 녹아 있지만 물에 녹지 않는 지방은 단백질에 둘러싸여서 녹아 있습니다.

》 혈장 단백질은 《 알부민과 글로불린

100mL의 혈장에는 단백질이 7g 들어 있는데, 혈장은 3L 정도니까 혈액에 있는 단백질을 모으면 200g 남짓 됩니다. 이 혈장 단백질에는 알부민과 글로불린 두 종류가 있는데 알부민이 60%, 글로불린이 40% 차지합니다.

알부민은 세포에 단백질 성분을 공급하고 다양한 호르몬을 운반하며, 간에서 만들어집니다. 글로불린은 모양이 둥그렇다고 해서 붙은 이름으로, 다양한 효소와 혈액 응고 인자, 항체 등이 포함되어 있습니다. 특히 글로불린 가운데 면역 기능이 있는 성분을 면역 글로불린이라고 하는데, 글로불린의 절반이 여기에 해당합니다.

25

적혈구는 어떻게 산소를 운반할까?

적혈구가 산소를 운반할 수 있는 것은 적혈구에 헤모글로빈이 있기 때문입니다. 헤모글로빈(hemoglobin)은 혈액을 뜻하는 heme과 단백질을 뜻하는 globin이 합해진 말인데, 우리말로는 혈색소라고 하지요. 헤모글로빈 덩어리인 적혈구는 우리 몸에서 어떤 역할을 할까요?

적혈구의 주요 역할은 산소 전달입니다. 바로 이 역할을 적혈구 속 헤모글로빈이 담당합니다. 적혈구 한 개에는 100만 개의 헤모글로빈이 있고, 한 개의 헤모글로빈에는 4개의 철(Fe) 분자가 있습니다. 이 철 분자에 각각 산소 분자가 1개씩 결합하지요. 적혈구에 있는 헤모글로빈의 무게를 모두 합치면 600g 정도인데, 이는 산소 800cc를 운반할 수 있는 용량입니다.

화학적으로 철에 산소가 결합하면 철이 산화되었다고 표현합니다. 철이 녹스는 것도 산화 현상이지요. 녹슨 철이 붉게 보이는 것이나 적혈구가 붉게 보이는 것이나 결국 같은 현상입니다. 피를 혀에 대 보면 쇠 맛이 약간 나는 이유도 헤모글로빈에 있는 철분 성분 때문입니다. 인체에 있는 모든 철을 합치면 4g 정도 되는데, 60%가 헤모글로빈에 있습니다.

》 가벼운 상처에서 나는 피는 《 검붉은 정맥혈

적혈구는 산소를 모세 혈관에서 조직으로 전달하기 때문에 모세 혈관을 지나서 정맥으로 들어오는 혈액에는 산소가 아주 적습니다. 그래서 동맥혈은 선홍색인 반면 정맥혈은 약간 검붉은색을 띱니다. 일상생활에서 피부에 깊지 않은 상처가 났을 때 흐르는 피는 대부분 정맥에서 나는 것입니다. 동맥은 피부 깊숙이 있어서 잘 다치지 않기 때문이지요.

돼지나 소 등 포유류의 혈액은 사람과 마찬가지로 적혈구와 헤모글로빈이 있어서 붉은색을 띱니다. 반면 새우나 가재, 오징어나 문어 같은 동물의 피에는 헤모글로빈 대신 헤모시아닌이 있습니다. 헤모시아닌은 철 대신 구리로 산소를 운반하는데, 그래서 푸른색을 띱니다. 낙지의 눈에 푸른 핏발이 서는 것과 사람 눈에 붉은 핏발이 서는 것은 같은 현상입니다.

한편 곤충은 대부분 흉부와 복부에 있는 수많은 작은 구멍을 통해 신체 각 조직에 산소를 공급합니다. 즉 호흡이 순환계와 별도로 이루어져 곤충의 혈액은 산소 공급을 담당하지 않으므로 헤모글로빈이나 헤모시아닌 같은 혈색소도 필요 없습니다. 그래서 곤충의 피는 대부분 무색이지만, 곤충에 따라 노란색, 녹색, 푸른색 등 여러 색을 띠기도 합니다. 그런데 모기를 잡을 때 나오는 붉

은 피는 모기의 것이 아니라 아직 소화가 덜 된 사람 피입니다.

》 빈혈은 어지럼증보다 《
혈액 검사로 진단해

빈혈은 혈액이 부족한 질환으로, 혈액이 인체 조직에 필요한 산소를 충분히 공급하지 못하게 됩니다. 산소를 공급하는 것은 적혈구의 헤모글로빈이 담당하므로 혈액 내 헤모글로빈 농도를 기준으로 성인 남성은 100mL당 13g, 성인 여성은 100mL당 12g 미만이면 빈혈로 진단합니다. 빈혈은 여러 사람들의 헤모글로빈 농도를 측정해서 평균치로부터 얼마나 벗어나 있는지를 기준으로 진단하는데, 여성은 매달 생리를 하기 때문에 남성에 비해 전체적으로 헤모글로빈 농도가 낮아서 빈혈 기준도 남자보다 낮습니다.

우리는 어지럼증이 있을 때 흔히 빈혈을 의심하지만 대량 출혈이 있어서 헤모글로빈 수치가 급격히 낮아진 경우에 어지럼증이 빈혈의 증상으로 나타나지, 서서히 만성적으로 진행되는 빈혈일 때 어지럼증이 나타나는 경우는 드뭅니다. 만성 빈혈일 경우 조직에 산소가 제대로 전달되지 못하기 때문에 피로와 무기력증을 느끼고, 가슴 두근거림이나 두통, 식욕 부진, 의욕 상실 같은 증상이 나타납니다. 그래서 빈혈은 증상보다는 혈액 검사를 통해서 보통 진단됩니다.

26

혈액형은 어떻게 결정될까?

우리는 혈액형을 이야기할 때 "나는 A형이야", "나는 B형이야" 라고 말합니다. 혈액형을 A형, B형, AB형, O형 네 가지로 분류하는 방식을 ABO식 혈액형이라고 하지요. 이 밖에도 혈액형을 구분하는 방법이 있을까 요?

혈액형은 적혈구의 표면, 즉 적혈구의 세포막 구성 성분의 차이에 따른 구분입니다. ABO식 혈액형에서 A형 적혈구 세포막은 A형 항원을, B형은 B형 항원을 가지고, AB형은 A형과 B형 항원을 다 가지며, O형은 A형과 B형 항원이 다 없는 것을 말합니다.

항원이란 면역 작용을 일으키는 모든 물질로, 항체에 반응합니다. A형 항원, B형 항원과 같은 명칭도 면역 반응을 유발하는 물질이기 때문에 그렇게 명명된 것이지요. 면역 반응이란 외부에서 들어오는 물질을 인식하여 공격하는 것인데, A형인 사람의 혈액에는 B형 적혈구를 만나면 이것을 공격해서 파괴하는 항체가 있습니다. 이를 안티B(anti-B) 항체라고 합니다. 그래서 A형인 사람이 B형 혈액을 수혈 받으면 안티B 항체가 B형 적혈구를 공격해서 파괴합니다. 이는 단순히 적혈구가 파괴되는 것으로 끝나는 것이 아니라, 파괴된 적혈구 안에서 나오는 여러 물질들이 면역 반응을 일으켜 수혈 받은 사람에게 쇼크와 사망을 초래합니다.

》 수혈을 할 때 《
ABO식, Rh식 혈액형 모두 확인해야

B형인 사람은 안티A 항체가 있어서 A형 혈액을 수혈하면 안 됩니다. 반면 O형 혈액은 적혈구에 항원이 없기 때문에 A형인 사람이나 B형인 사람에게 수혈을 해 줄 수 있습니다. 그런데 O형 혈액형인 사람은 안티A 항체와 안티B 항체를 모두 가지고 있어서 O형 혈액만 수혈 받아야 합니다.

수혈 관계

혈액형이 A+라고 할 때, 뒤의 + 표기는 Rh식 혈액형을 뜻합니다. Rh란 말은 붉은털원숭이(Rhesus)에서 나온 말입니다. 붉은털원숭이는 중국 남부와 동남아시아에서 많이 살며, 몸길이가 60cm 정도 됩니다. 이 원숭이의 적혈구를 연구하면서 처음 발견되어 Rh 항원이라는 이름이 붙었는데, 나중에 사람의 적혈구에도 같은 항원이 있다는 것이 밝혀졌습니다.

수혈을 할 때는 ABO식 혈액형뿐만 아니라 Rh식 혈액형도 꼭 확인해야 합니다. 그렇지 않으면 적혈구가 파괴되면서 심각한 부작용이 나타나기 때문이지요. 그런데 ABO식 혈액형과 Rh식 혈액형을 잘 맞추었는데도 수혈 부작용이 나타나는 경우가 간혹 있습니다. 적혈구 표면에 있는 항원이 ABO식과 Rh식만 있는 것이 아니기 때문입니다. 지금까지 적혈구 표면에 있는 항원은 ABO, Rh 외에 300여 가지 이상이 발견되었습니다. 이중 가장 중요한 것이 ABO식 혈액형과 Rh식 혈액형이기 때문에, 보통은 이 두 가지 혈액형만 검사합니다.

혈액형 분포는 인종마다 조금씩 다릅니다. 우리나라 사람들에게는 Rh−형이 0.1~0.3%로 매우 드물게 나타나지만, 백인들은 15~20%에 이릅니다. Rh−형은 유럽과 북아프리카에 많고, 동쪽으로 갈수록 줄어들어 중국, 동남아, 일본에서도 전 인구의 1% 미만이지요. Rh−형은 게르만족, 특히 바이킹이 살았던 지역이나 정복했던 지역에서 많이 나타나기 때문에 바이킹의 혈액형이 아닐까 추정합니다.

ABO식 혈액형 중 우리나라에서 가장 많은 혈액형은 A형입니다. A형은 전체 인구의 34%를 차지하며, 그다음으로 O형이 28%, B형이 27%이고, AB형은 11%를 차지합니다. 일본은 우리와 거의 동일합니다.

》 사람의 성격은 《 혈액형으로 판단할 수 없어

ABO 항원은 적혈구뿐만 아니라 타액이나 정액에도 있고, 우리 몸의 다른 조직에도 많습니다. 그래서 콩팥이나 심장을 이식할 때도 ABO식 혈액형을 잘 맞춰야 합니다. ABO 항원은 거의 모든 세포에 있기 때문에 질병이나 성격에도 영향을 미칠 수 있습니다.

특히 성격과 관련해서는 우리나라와 일본 사람들에게 큰 관심을 끌었습니다. 일본은 우리나라보다 더 심하게 성격과 혈액형의 관계를 믿습니다. 이것은 1931년에 일본 심리학자 노미 마사히코와 그의 아들 노미 도시타카가 쓴 혈액형과 성격에 관련된 책이 베스트셀러가 되면서부터입니다. 서양에서는 이에 대한 연구도 별로 없고 믿는 사람도 거의 없는 것과는 대조됩니다.

27

피가 나면 왜 금방 굳을까?

혈관은 우리 몸 어디에나 있으므로 출혈은 어디에서든 발생할 수 있습니다. 피부나 점막이 손상되면 피가 나기도 하는데, 출혈 양은 혈관이 손상된 정도에 따라 다릅니다. 모세 혈관만 손상되면 피가 조금 나오다 굳으면서 멈춥니다. 하지만 동맥이 손상되었을 때는 지혈을 하지 않으면 대량 출혈이 일어나지요. 그런데 피는 어떻게 저절로 굳는 걸까요?

팔을 다쳐 피가 날 때 상처가 크지 않다면 꽉 누르지 않더라도 몇 분 안에 저절로 멈춥니다. 병원에서는 실제 이런 방법으로 지혈이 될 때까지 시간을 측정하기도 합니다. 특히 수술하기 전에 이 검사를 합니다. 이를 출혈 시간이라고 합니다. 신체 부위마다 혈관 분포가 다르므로 출혈 시간도 조금씩 다릅니다. 팔에서 측정하면 3~10분, 혈관이 별로 없는 귓불에서 측정하면 3~4분 정도입니다. 하지만 실제로 칼을 사용하다 손가락을 베인 경우 이보다는 훨씬 빨리 피가 멈춥니다. 보통은 상처가 나면 지혈될 때까지 그냥 지켜보지 않고 그 부위를 꽉 누르기 때문입니다.

» 혈소판이 엉겨 붙는 1차 지혈 《 단백질이 응고되는 2차 지혈

지혈은 출혈과 반대 현상입니다. 출혈은 혈관이 손상되었을 때 나타나는 현상이고, 지혈은 손상된 상처를 치유하는 과정입니다. 사실 상처 치유의 첫 단계는 지혈이지요.

혈관을 현미경으로 보면 내막, 중막, 외막 세 개의 층으로 이루어져 있습니다. 이 가운데 중막은 근육층으로 이루어져 있는데, 근육 세포는 자극을 받으면 자동으로 수축하는 성질이 있습니다. 근육 세포가 수축하는 이유는 세포 안에 있는 단백질 성분 때문인데, 단백질은 기본적으로 건드리면 수축하는 성향을 갖고 있습니다. 밀가루 반죽을 많이 치대면 쫄깃해지는 것도 글루텐이라는 단백질의 성질 때문입니다. 이런 이유로 혈관은 손상되면 자동으로 수축하는데, 혈관 수축은 작은 혈관에서는 아주 효과적인 지혈 방법입니다.

과거 비타민 C를 충분히 섭취하지 못할 때 많은 사람들이 괴혈병을 앓았습니다. 비타민 C는 콜라겐 합성에 필요한데, 비타민 C가 없으면 혈관 근육에 필요한 콜라겐이 잘 만들어지지 않아 출혈이 잘 발생합니다. 그래서 이름도 혈관이 파괴된다는 뜻으로 괴혈병이라고 한 것이지요.

지혈은 혈관 수축만으로 이뤄지지는 않으며, 더욱 효과적인 지혈을 위해서는 혈액이 응고되어야 합니다. 혈관 내막의 내피 세포는 평상시에는 혈액이 응고되지 않는 물질을 분비하여 혈액이 잘 돌도록 유지하지만, 일단 혈관이 손상되면 혈소판이 손상된 곳에 달라붙도록 하는 물질과 혈액 응고 인자를 활성화하는 물질을 분비합니다. 그럼으로써 실제적인 지혈이 시작됩니다.

지혈은 1차 과정과 2차 과정으로 나뉩니다. 1차 지혈은 혈소판이 엉겨 붙어 마치 마개처럼 손상된 곳을 메우는 과정입니다. 혈소판이 하나둘씩 모이면 가속도가 붙어 순식간에 많은 혈소판이 모여듭니다. 이를 혈소판 응집이라고 하는데, 이것은 혈관이 손상되자마자 바로 일어납니다.

혈소판이 손상된 곳을 메꾼다고 하더라도 이것은 세포들이 뭉친 것이기 때문에 세포와 세포 사이에 미세한 공간이 존재합니다. 이 공간을 완전히 메꾸기 위해 혈액에 있는 단백질 성분이 응고됩니다. 바로 이 과정이 2차 지혈입니다. 이 단백질 성분을 혈액 응고 인자라고 하는데, 12종이 있습니다. 사실은 이 12종 중 단백질이 아닌 인자가 하나 있는데, 칼슘 이온입니다. 이 12종의 혈액 응고 인자가 순차적으로 작용하면 응집된 혈소판과 함께 상처가 빈틈없이 메워집니다.

》 혈관은 《
출혈, 지혈, 용해 과정을 반복해

혈액 응고 인자 중 맨 마지막에 핵심적인 역할을 하는 것이 섬유소입니다. 섬유소를 현미경으로 보면 마치 섬유 옷감의 망사처럼 가느다란 줄들이 수없이 엉켜 있습니다. 섬유소가 2차 지혈에서 마지막으로 작용하면 구멍 난 상처는 마치 글루건으로 파이프의 구멍을 꽉 막은 것처럼 됩니다.

지혈 작용으로 상처가 났던 혈관이 메꾸어지면 응고되었던 혈액은 다시 녹아야 합니다. 이를 섬유소 용해라고 합니다. 혈액이 응고되면서 만들어졌던 섬유소가 녹는다는 뜻입니다. 가느다란 망사처럼 생긴 섬유소는 용해 과정에 들어가면 중간중간 끊깁니다. 그러면 혈관에 붙어 있는 응고물이 없어져서 혈관은 다시 뚫리고, 이 용해 과정에서 나오는 부산물들은 간이나 콩팥으로 배설됩니다. 다만 혈액 응고는 몇 분안에 순간적으로 일어나는 과정이지만, 섬유소 용해는 며칠 동안 서서히 이뤄진다는 점이 조금 다르지요. 만약 이런 과정이 없다면 혈관은 금방 막히고 말 것입니다.

혈관은 손상과 복구, 즉 출혈과 지혈이 일상적으로 일어납니다. 이처럼 혈관은 출혈, 지혈, 용해 등의 과정을 반복하면서 정상적인 기능을 수행합니다.

🏃 심장 박동을 조절할 수 있을까?

거기서
뭐 하니?

심장 박동을
조절 하고
있어요.

?? ??

호흡은 조절되지만 심장 박동은
네 마음대로 안 될걸.

저는
되거든요!

벌떡

사실 심장은 몸에서 떼어 내도
얼마 동안은 스스로 박동을 한단다.
심장 박동이 신경계에서 오는 반응으로
일어나는 것이 아니기 때문이지.

하지만 심장 박동 빠르기를 조절하는 건
자율 신경이야. 교감 신경은 심장 박동을
빠르게 하고, 부교감 신경은 느리게 해.
호르몬도 영향을 주고.

저는
상관없던데요.

그럴 리가!

휫

진짜예요.
시험해 보세요!

자신   자신

5장

소화

28

입 냄새의 주범은 황 화합물 이라고?

사람의 소화관은 입에서 시작해 인두 → 식도 → 위 → 작은창자 → 큰창자를 거쳐 항문에 이릅니다. 어른 기준으로 총 9m에 달하는데, 위와 장이 주이기 때문에 위장관이라고도 부르지요. 여기에 이와 세 쌍의 침샘, 간, 이자 등의 부속 기관이 연결되어 소화관을 이룹니다.

밥을 먹으면 똥이 나오고, 물을 마시면 오줌이 나옵니다. 만약 작은 돌을 먹으면 돌이 항문으로 그대로 나옵니다. 돌은 우리 몸 안에서 소화가 되지 못하기 때문이지요. 소화란 음식을 잘게 잘라 장에서 흡수되기 쉽게 하는 과정을 말하며, 음식이 입으로 들어가서 찌꺼기가 되어 항문으로 나오기까지 거치는 곳을 소화관이라고 합니다.

소화는 입에서부터 시작합니다. 소화관으로서의 입은 단순한 입구 이상의 역할을 합니다. 소화를 기계적인 과정과 화학적인 과정으로 나눈다면 입은 주로 기계적인 소화를 담당하지요. 입안에서 음식은 이와 혀에 의해 잘리고 침과 섞여 유연하게 반죽됩니다. 침은 침샘에서 분비되는데, 침샘에는 큰침샘 세 개(귀밑샘, 턱밑

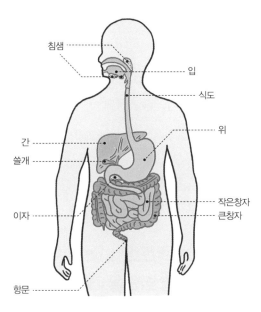

| 우리 몸의 소화 계통 |

샘, 혀밑샘)와 작은침샘 여러 개가 있습니다. 침은 평상시에 분당 1cc 정도 분비되고, 음식을 먹을 때는 분비량이 증가하여 하루 총 1000~1500cc 분비합니다.

침은 이처럼 음식이 이에 의해 부서질 때 반죽이 부드럽게 되도록 하고, 음식이 식도로 잘 넘어가도록 합니다. 또한 음식을 화학적으로도 분해하므로 미각에도 중요하지요. 침은 혀의 맛봉오리를 세척하여 입에서 분해된 음식 성분이 미각 수용체를 자극하도록 합니다. 밥을 오래 씹으면 단맛이 나는 이유는 침에 들어 있는 소화 효소인 아밀라아제가 전분을 분해해 당분을 만들기 때문이지요.

침에는 이같은 소화 효소를 비롯해서 단백질 성분이 많습니다. 침의 99.5%는 수분이고, 나머지 0.5%는 단백질 성분이 들어 있지요. 특히 면역글로불린A, 락토페린, 라이소자임, 페록시다아제 같은 항균 물질도 있어서 구강 건강을 유지하고 충치를 예방합니다. 그렇다고 상처가 난 곳에 침을 바르는 것은 좋지 않습니다. 입안에는 세균들도 있기 때문입니다. 그래서 개나 고양이 같은 동물에게 물렸을 때 항생제 치료를 하는 것처럼, 사람에게 물린 상처 역시 조금이라도 깊으면 항생제 치료를 해야 하지요.

》 마늘을 먹으면 나는 냄새도 《 황 화합물 때문

종종 입에서 냄새가 나기도 하는데, 쉽게 없애기가 어렵습니다.

입에서 나는 냄새의 85%는 입안에 원인이 있고, 주범은 황 화합물입니다. 황은 성냥의 재료가 되는 물질로, 상온에서는 황색의 고체 상태로 있는데 불로 태우면 강하고 지독한 냄새가 납니다. 성냥에 불을 붙이면 나는 냄새가 바로 황 냄새입니다.

입안에 있는 세균은 아미노산을 분해해서 황화 수소 같은 휘발성 물질을 만듭니다. 마늘을 먹으면 냄새가 많이 나는 것도 마늘에 있는 황 화합물 때문이지요. 황 화합물 이외에 냄새를 풍기는 물질은 인돌이나 스카톨 같은 아민 종류입니다. 아민(amine)이란 암모니아를 기본으로 하는 물질로, 질소를 포함하지요. 결국 입에서 나는 냄새는 황과 질소가 포함된 물질을 세균이 분해해서 기체화되었을 때 나타나는 현상입니다.

황과 질소 화합물을 만드는 세균은 주로 혐기성 세균입니다. 기체를 혐오하는 세균이라는 뜻인데, 기체에 포함된 산소를 싫어해서 산소가 없는 곳에서 잘 자랍니다. 즉 입에서 냄새가 많이 나는 사람은 입안에 혐기성 세균이 많다는 뜻입니다. 혐기성 세균이 잘 자라는 환경은 혀와 잇몸의 상태가 결정합니다. 특히 혀가 중요하지요.

》 혀, 이와 잇몸 사이에 《 세균이 번식하기 쉬워

혀를 자세히 보면 매우 우둘투둘합니다. 사이사이에 빈 공간이 많다는 뜻인데, 이러한 빈틈은 세균이 살기에 좋지요. 세균이 먹고

살 수 있는 음식 찌꺼기나 죽은 점막 세포들이 많이 있기 때문입니다. 세균이 이것들을 먹고 배설하는 과정은 부패 과정과 같습니다. 음식이 썩는 부패 과정이나 혀에서 세균이 하는 것은 동일한 과정입니다. 세균을 없애면 냄새가 없어지겠지요. 그래서 항생제를 복용하면 세균이 없어지면서 입 냄새가 좋아집니다. 그러나 이런 효과는 일시적입니다. 부작용 등의 여러 이유로 항생제를 계속 복용할 수 없기 때문에 세균은 다시 금방 번식합니다. 그래서 세균이 번식하는 조건을 없애는 것이 더 중요합니다.

이와 잇몸 사이에는 V자 모양의 틈이 있는데, 이곳에서도 세균이 잘 번식합니다. 특히 잇몸에 염증이 있으면 잇몸이 붓기 때문에 치아와 딱 달라붙지 못해 빈틈이 벌어집니다. 빈 공간의 크기에 비례해서 세균이 번식하기 때문에 냄새가 더 심해집니다. 잇

소화

몸 염증은 치주 질환의 일종이지요. 치주란 치아를 둘러싼 조직을 말하는데, 잇몸도 치주의 일부입니다. 치주 질환은 매우 흔해서 20대 이상 성인의 절반에서 나타납니다. 특히 나이가 많을수록 많아져 40대 이상에서는 80~90%에서 발생하므로 사실상 거의 대부분 사람들에게 있는 셈이지요. 그래서 식사 후 칫솔질은 세균의 먹이를 청소하는 역할을 하기 때문에 중요합니다.

★ 일어나자마자 이를 닦는 사람들도 있다. 하지만 이를 닦는 건 음식을 먹고 나서 이에 붙은 음식 찌꺼기를 청소하는 행위이므로 일어나서 이를 닦았다고 식사 후 이를 닦지 않으면 음식 찌꺼기가 이에 그대로 붙어 있어 충치나 풍치의 원인이 된다. 그러므로 이 닦는 횟수도 중요하지만, 식사 후 닦는 습관이 더 중요하다.

29

위는 어떻게 위산에 녹지 않을까?

위는 섭취한 음식이 일차적으로 모이는 장소로, 직접 영양소를 흡수하기보다 작은창자에서 영양소를 잘 흡수할 수 있도록 잘게 부수어 보내는 역할을 합니다. 그 때문에 위는 흔히 밥통이라고 부르기도 합니다.

소화 기관 중 인두와 식도는 단순히 음식을 통과시키는 기능만 하기 때문에 입에서 음식을 삼키면 인두와 식도를 통과해 금방 위에 도달합니다. 위에서 음식이 소화되는 시간은 죽의 경우 한 시간, 단백질은 두 시간, 지방질은 서너 시간 걸립니다. 물은 위에 저장되지 않고 바로 통과하지요. 그래서 물을 마실 때 배 속에서 꼬르륵하고 물이 흐르는 소리가 나기도 합니다.

소는 위가 4개의 방으로 나뉘어 있고, 각각 이름도 있습니다. 앞니가 없어 음식을 잘게 자르지 못해 되새김이 필요한 반추동물의 일반적인 특징입니다. 반면 사람 위는 하나로 되어 있지요. 그렇지만 음식이 들어오면 저장하는 곳과 잘게 부수는 곳 등 기능별로 나뉘어 있기는 합니다.

위의 가운데 몸통 부분에서는 꿈틀 운동(연동 운동)을 해서 음식과 위액을 섞습니다. 샘창자(십이지장)로 이어지는 출구 부분에서는 음식이 걸쭉한 상태의 미즙으로 바뀝니다. 이 부분은 강한 근육으로 되어 있어서 음식을 잘게 부수어 1mm 정도가 되면 샘창자로 내려보내고, 그보다 큰 음식은 다시 위쪽으로 보냅니다. 이렇게 음식은 위 안에서 위아래를 오르락내리락하면서 잘게 부서집니다. 그래서 음식을 잘 씹을수록 위의 부담은 줄어듭니다.

》 강한 산성인 위액으로부터 《 위를 보호하는 여러 장치들

위에서 나오는 위액은 고농도의 염산을 포함하는 pH 0.8~1.5 정도의 매우 강한 산성 용액입니다. 그 덕분에 음식에 있던 병균이 죽습니다. 가래를 삼키더라도 마찬가집니다. 가래에 있을지도 모르는 세균은 모두 위액에 의해 죽습니다. 그래서 콧물이나 가래를 뱉기 어려운 상황이면 꿀꺽 삼켜도 아무런 문제가 없습니다.

위산, 즉 위액에 있는 염산은 단백질 분해 효소인 펩시노겐을 펩신으로 활성화시켜 단백질을 분해합니다. 위는 웬만한 고기나 생선은 쉽게 소화합니다. 그뿐만 아니라 양, 천엽, 막창 같은 소의 위도 우리 위에서 소화시키는데 왜 우리 위 자체는 소화되지 않는 걸까요? 또, 염산 테러를 당한 사람을 보면 피부가 심하게 손상되는데, 그런 강력한 염산이 있는 위는 왜 멀쩡할까요?

위에는 스스로를 보호하는 장치가 있습니다. 위의 단면을 보면 안쪽부터 점막, 점막하층, 근육, 장막까지 네 개의 층으로 이루어져 있습니다. 끈끈한 점액으로 덮여 있는 점막 세포에서는 염산이나 펩시노겐을 분비할 뿐만 아니라 염기성 물질인 중탄산이온도 같이 분비해서 점막 내에서 염산을 중화시킵니다. 덕분에 점막의 맨 바깥, 그러니까 위의 안쪽은 pH가 1~2의 강산이지만 점막세포에 이르면 pH가 6~7 정도로 중화됩니다. 또한 점막은 점막세포에서 계속 만들어져 보충되기 때문에 항상 0.2mm 두께를 유지하면서 점막 세포와 근육 층을 보호하지요.

그런데 이 장치가 잘 작동하지 않으면 위산은 자신의 위를 소화시킵니다. 즉 염산 테러를 당한 피부처럼 되는 거지요. 이를 소화성 궤양이라고 합니다.

» 음식을 생각하는 것만으로도 《
위액이 분비돼

위에서는 하루 2~3L의 위액이 분비되는데, 약간 젖빛을 띱니다. 위액은 식사할 때 많이 분비되며, 음식을 눈으로 보거나 생각만 해도 침이 나오는 것처럼 음식 생각만으로도 분비됩니다. 식당에 가서 음식을 기다리는 동안 종종 속이 쓰린 이유도 음식 생각만으로도 위액이 분비되기 때문이지요.

이 사실을 처음으로 밝힌 사람이 바로 러시아의 생리학자 파블로프입니다. 파블로프는 종소리를 들으면 침을 흘리는 개의 조건 반사 실험으로 유명하지요. 파블로프는 개가 먹는 음식이 위로 들어가지 않게 수술을 한 다음, 개에게 음식을 먹이고 위액이 얼마나 배출되는지를 측정했습니다. 이 실험을 통해 위로 음식이 들어가지 않아도 위액이 분비된다는 사실을 밝혀냈지요. 파블로프는 이 공로로 1904년 노벨 생리의학상을 수상했답니다.

30

작은창자의 길이가 7미터라고?

창자는 소화를 완료하고 영양분을 흡수하는 곳으로, 동물에 따라 다양한 모양을 가지고 있습니다. 이 가운데 작은창자는 소화 계통에서 가장 길고 중요한 부분입니다. 기다란 관이 포개진 모양인 작은창자에서는 어떻게 소화가 이루어질까요?

작은창자는 위와 큰창자 사이에 있고 소화관 중에서 가장 길어서 7m 정도 됩니다. 음식물이 위에서 작은창자로 넘어갈 때는 액체 속에 건더기가 들어 있는 미즙 상태가 됩니다. 각 부분의 기능에 따라 샘창자(십이지장) → 빈창자(공장) → 돌창자(회장) 세 부분으로 나뉩니다.

길이가 30cm 정도인 샘창자는 음식이 들어오면 쓸개와 이자에서 나오는 소화액과 샘창자에서 나오는 점액이 샘처럼 나와서 붙은 이름입니다. 음식물과 위액이 섞인 상태인 미즙이 샘창자에서 소화액과 섞인 뒤 빈창자로 내려갑니다. 빈창자는 미즙이 들어오면 빨리 아래쪽으로 이동시키기 때문에 거의 항상 비어 있어서 이런 이름이 붙었습니다. 빈창자는 두껍고 혈류량이 많아 영양소 흡수가 활발히 이루어지고, 꿈틀 운동이 활발해서 음식물이 들어오면 바로바로 내려보냅니다. 꿈틀 운동은 항상 입에서 항문 방향으로 진행하는데, 작은창자를 잘라 위아래를 거꾸로 연결해도 방향은 여전히 입 쪽에서 항문 쪽으로 진행합니다.

》 쓸개즙, 이자액, 장액이 분해한 영양분은 《 작은창자의 융털에서 흡수돼

샘창자와 빈창자 사이에는 인대가 있습니다. 이를 트라이츠 인대라고 하는데, 작은창자 안에 있는 것이 아니라 작은창자 밖에서 갈고리처럼 작은창자를 위쪽으로 잡아당깁니다. 이 트라이츠 인대는 전체 소화관을 상부와 하부로 나누는 경계가 됩니다. 위장이 좋지 않아 음식을 토할 때, 이 인대 위쪽에 있는 음식만 나오고 그 이하의 음식은 나오지 않습니다. 우리가 토할 때 누런 물이 나오면 똥물까지 토한다고 하지만 이는 작은창자에서 음식과 담즙이 혼합된 것입니다. 즉 샘창자에 있던 음식이 나온 것이지, 큰창자에 있는 소화 중인 음식이 나온 것이 아닙니다. 똥이 입으로 나올 수는 없습니다.

작은창자에서 음식이 소화되고 흡수되는 것은 융털 덕분입니다. 융털이라는 말은 솜털이라는 뜻으로, 작은창자의 융털은 1mm 길이로 겨우 볼 수 있을 정도의 크기입니다. 손가락 모양을 닮았는데, 작은창자 점막에 융단처럼 깔려 있습니다. 작은창자의 표면이 매끈하다고 가정하고 안쪽의 전체 표면적을 계산하면 0.33m^{2}이지만, 주름과 융털을 완전히 펼쳐서 계산하면 200m^{2}로 600배 증가합니다. 이런 구조 덕분에 작은창자에서 영양분과 수분이 효과적으로 흡수되지요.

작은창자에서 분비되는 소화액은 쓸개에서 분비되는 쓸개즙, 이자에서 분비되는 이자액, 작은창자 점막에서 분비되는 장액이 있습니다. 이 소화액들은 단백질과 지방, 탄수화물을 분해해서 융털에서 흡수되도록 합니다. 쓸개즙은 하루에 0.5L 생산되어 샘창자로 분비되는데, 지방 흡수에 중요한 역할을 합니다. 이자에서 분비되는 소화액은 하루 1.5~2L이고, pH8~8.5 정도의 알칼리성이어서 위에서 넘어오는 산성의 미즙을 중성 상태로 바꾸어 여러 효소가 효율적으로 작용하게 합니다. 작은창자 점막에서 분비되는 장액에도 다양한 소화 효소가 있습니다.

탄수화물은 입에서 일부 소화되고, 작은창자에서는 이자액과 장액의 효소에 의해 분해되어 샘창자와 빈창자, 돌창자에서 흡수됩니다. 단백질은 위산과 펩신, 이자 효소에 의해 분해되어 샘창자와 빈창자에서 흡수되지요. 지방은 이자에서 분비되는 지방 분해 효소에 의해 분해된 다음, 쓸개즙산과 결합해 빈창자에서 흡수됩니다.

》 큰창자로 내려온 미즙은 《
대부분 흡수되고 일부만 똥이 돼

큰창자는 작은창자와 항문 사이에 있는 장으로, 막창자(맹장)와 잘록창자(결장), 곧창자(직장)로 나누고, 총 길이는 1.5m입니다. 주머니 모양의 막창자는 약 5~6cm 정도인데, 여기에는 가느다란 꼬리처럼 생긴 막창자꼬리(충수)가 붙어 있습니다. 이 부위의 정확한 기능은 잘 알려져 있지 않지만 염증이 잘 생깁니다.

겉에서 보면 중간중간 잘록해 보여서 이름이 붙은 잘록창자는 큰창자에서 가장 깁니다. 오른쪽 하복부에서 시작하며, 왼쪽 하복부에서 S자 모양으로 구불구불 곧창자로 이어집니다. 곧창자는 13~15cm 정도의 길이로, 위에서 아래 방향으로 직선으로 내려갑니다.

매일 작은창자에서 큰창자로 내려오는 미즙은 1.5L 정도이며 액체에 가깝습니다. 그런데 큰창자의 점막은 작은창자의 점막처럼 융털이 없고 내부가 매끈해 영양분 흡수 기능이 거의 없습니다. 대신 세균이 많아서 영양분이 발효되어 새로운 지방산이 생성되고 암모니아 같은 가스가 형성됩니다.

큰창자로 내려온 미즙은 대부분 흡수되고 일부만 변으로 배설됩니다. 매일 배설되는 대변의 양은 100~200g인데, 80%가 수분이고 20%가 고형 성분입니다. 대변은 잘록창자에 모여 있다가 양이 증가하면 곧창자로 내려가며, 곧창자가 확장되면서 바깥 항문 조임근(괄약근)을 이완시키면 열린 항문으로 대변이 빠져나갑니다.

31

간을
일부 떼어 줘도
괜찮은 이유는
?

지나치게 무모한 짓을 하는 사람을 보고 '간이 부었다'든지 '간이 크다'는 표현을 종종 합니다. 음양오행 사상에서는 간이 목(木)에 해당한다고 설명합니다. 목(木)은 봄에 해당하고 결단력과 추진력을 뜻하는데, 이런 전통에서 무모한 사람을 보고 '너 간이 부었구나'라는 말을 했던 것입니다.

간은 대략 자신의 좌우 손바닥을 합친 만큼의 크기입니다. 무게는 남성은 1.5kg 정도이고, 여성은 1.3kg 정도로, 대략 자신의 뇌 무게와 비슷합니다. 사람의 간은 소나 돼지의 간처럼 아주 부드러워 부서지기 쉽고 잘 찢어집니다. 다행히 오른쪽 갈비뼈에 둘러싸여 있어서 외부 충격을 직접 받지는 않지요. 정육점에서 흔히 보는 돼지 간은 검붉은색이지만 살아 있는 생명체의 실제 간은 밝은 선홍빛을 띱니다. 간에는 혈관이 많아 혈액이 많기 때문이지요.

》 간은 영양분을 《
재가공하는 화학 공장

작은창자에서 흡수된 영양분은 혈관을 통해 일단 간으로 보내집니다. 간에서는 이를 분해하고 우리 몸에 필요한 형태로 재합성해서 혈액으로 방출하지요. 간은 이처럼 영양분을 재가공하는 화학 공장 같은 곳입니다.

탄수화물은 작은창자에서 더 이상 쪼개지지 않는 포도당, 젖당, 과당 같은 단당류로 분해되어 모두 간으로 갑니다. 그러면 간에서는 이를 포도당으로 변환시켜 60%는 글리코겐 형태로 간에 저장하고, 40%는 간 밖으로 내보냅니다. 간에 저장된 글리코겐은 혈액 속에 당이 조금이라도 떨어지려고 하면 포도당으로 분해되어 혈액에 공급됩니다. 그 덕분에 식사를 하건 하지 않건 우리 몸속 혈당은 일정하게 유지됩니다.

포도당이 너무 많으면 간은 포도당을 지방으로 합성하기도 합니다. 글리코겐으로 전환시켜 보관할 수 있는 양이 정해져 있어서 남는 포도당은 지방으로 변환시켜 간에 보관하거나 혈액으로 보내 피부밑 지방(피하 지방) 형태로 보관하는 것이지요. 그래서 탄수화물을 많이 먹으면 지방간이 생기고 비만이 되는 것입니다.

단백질은 작은창자에서 아미노산으로 분해되어 간으로 이동합니다. 간은 이 아미노산을 재료로 우리 몸에 필요한 단백질을 만듭니다. 간에서는 하루 50g 정도의 단백질이 만들어지는데, 이 가운데 12g은 호르몬을 운반하고 혈액 삼투압을 유지하는 알부민이며, 혈액 응고 인자도 만들어집니다. 그래서 간 질환이 있으면 혈액 내 알부민이 떨어져 몸이 붓는 부종이 생기며, 출혈이 잘 생기기도 합니다.

작은창자에서 흡수된 지방은 일부는 간으로 가지만, 물에 녹지 않는 지방은 림프관으로 운반되어 림프관과 혈관이 연결되는 쇄골하 정맥에서 혈관으로 들어가게 됩니다.

또한 간은 우리 몸에서 발생하는 암모니아 같은 독성 물질이나 세균과 바이러스를 처리하는 기능도 합니다. 이곳에서 처리된 노폐물은 쓸개에 임시 저장되어 있다가 쓸개즙과 함께 샘창자로 배출됩니다. 그래서 일부 사람들이 좋아하는 익히지 않은 쓸개에는 좋은 성분도 있지만, 노폐물도 같이 있습니다.

》 간은 잘라 내도 《 원래대로 다시 자라나

간 조직은 손상되더라도 재생 능력이 좋아서 스스로 회복합니다. 간을 최대 85%까지 잘라 내도 인체의 생존에 필요한 기능을 수행하고, 3개월이 지나면 거의 원래 크기로 자랍니다. 마치 팔이 떨어져 나가면 없어진 팔을 재생해 내는 불가사리와 같지요. 그리스 신화의 영웅 프로메테우스는 인간에게 불을 가져다준 일로 제우스의 노여움을 사 코카서스의 바위에 묶인 채 날마다 낮에는 독수리에게 간을 쪼여 먹혔지요. 하지만 밤이 되면 간이 회복되었다고 해요.

간은 재생 능력이 뛰어나기 때문에 급성 간염으로 간 기능이 거의 마비된 경우에도 일정 기간만 잘 버티면 완전히 정상으로 회복됩니다. 간 세포가 재생될 동안 간에서 합성되는 알부민과 혈액 응고 인자를 주사로 보충하고, 간의 해독 작용을 대체하는 치료만

하면 간 세포가 재생되기까지 시간을 벌 수 있지요.

만약 스스로 회복되지 못할 정도가 되면 다른 사람에게서 이식을 받는 것 이외의 다른 방법은 없습니다. 간 이식은 뇌사자의 간을 이식하는 경우도 있고, 살아 있는 사람의 간을 일부 떼어서 이식하는 경우도 있습니다. 뇌사자란 뇌 기능이 완전히 상실되어 뇌는 죽었지만 다른 신체 기능은 유지되는 사람을 말합니다. 간은 혈관의 분포에 따라 좌엽과 우엽으로 나뉘는데, 보통 전체 간의 30% 정도 되는 좌엽을 잘라 이식한답니다.

☆ 음식을 얼마만큼 먹을 수 있을까?

그래, 나도 유튜브로 먹방을 찍어야겠다!

— 결심했어

그런데 난 얼마나 먹을 수 있을까?

일반적인 남성의 경우 위의 크기는 1.4리터, 여성은 1.2리터 정도야. 배가 빵빵해질 때까지 음식을 먹으면 남성은 2.4리터, 여성은 2리터까지도 늘어난단다.

그런데 먹방 유튜버라면 초밥 200개를 먹고도 짜장면을 8그릇 더 먹어야 한다고요!

무리야, 무리. 너무 많이 먹으면 위가 늘어나 작은창자나 골반에 있는 다른 장기들을 압박하게 돼. 심하면 혈관을 눌러 혈액의 흐름을 방해해서 조직이 죽거나 심근경색 같은 병을 일으킬 수도 있다고!

절레 절레

까딱 까딱

보통은 하루에 4시간 이상 운동을 한다고 하더라! 너 같은 청소년들은 성인에 비해 위산 분비가 적고 소화 능력이 떨어져서 한꺼번에 많이 먹으면 복통이나 구토, 설사가 생기기 쉽고 위염이나 위·식도 역류염도 생길 수 있으니까 절대 따라 하면   안 돼!

No!

그럼 먹방 유튜버들은 어떻게 저렇게 많이 먹을 수 있는 거죠?

아, 그럼 유튜브 주제를 게임으로 바꿀까요?

재밌겠다

헤헤

아니, 넌 시도 때도 없이 방귀를 잘 뀌니 방귀대장 뽕뽕이로 가면 어떠냐?

하 하 하

방귀대장 뽕뽕이

뽕 뽕

뽕 뽕

저거 봐

깔

깔

히히

으악, 우리 반 아이들이 보면 어떻게 해요?

또 방귀를 뀌네? 넌 참 소화가 잘 되나 보다.

뽕뽕뽕

=3

항 하

하 하

6장

비뇨

32

소변은 어떻게 만들어질까?

변이란 신체에 필요하지 않아 밖으로 배설되는 물질로, 소변과 대변 두 종류입니다. 대변은 음식이 흡수되지 못하고 남은 찌꺼기에 창자의 대사 산물이 합쳐진 것이고, 소변은 세포 대사 과정에서 생긴 노폐물입니다. 따라서 소변은 배설이라기보다 분비 작용이기 때문에 비뇨라고 하고, 이를 다루는 학문을 비뇨기학이라고 합니다.

비뇨 기관은 '콩팥 → 요관 → 방광 → 요도'로 이루어집니다. 콩팥은 좌우 양쪽 두 개가 있는데, 이곳에서 소변이 만들어지면 각각 좌우의 요관을 타고 방광으로 모입니다. 소변은 24시간 동안 내내 만들어져서 방광에 조금씩 고입니다. 방광에 소변이 어느 정도 차면 소변을 보고 싶은 느낌이 들고, 그러면 화장실에 가서 요도를 통해 밖으로 배출합니다.

콩팥이라는 말은 그 모양이 콩을 세워 놓은 것처럼 생겼고, 색깔은 팥처럼 붉다고 해서 붙은 이름입니다. 콩팥이 붉은빛을 띠는 이유는 혈액에 있는 노폐물을 걸러 내는 곳이라 혈관이 많기 때문입니다. 콩팥은 주변 조직에 단단하게 고정되어 있지 않아서 뜀뛰기를 하면 위아래로 움직입니다. 달리기를 심하게 하면 옆구리가 아픈 것도 이런 이유 때문입니다.

》 콩팥단위는 여과와 재흡수를 통해 《 노폐물만 배설해

콩팥을 현미경으로 보면 수많은 동일한 구조가 반복적으로 관찰되는데, 이를 콩팥단위(네프론)라고 합니다. 하나의 콩팥에는 120만 개 정도의 콩팥단위가 있습니다. 콩팥단위는 소변을 만드는 기본 단위입니다. 각각 많은 모세 혈관이 실뭉치처럼 덩어리 모양을 하고 있는 토리(사구체) 하나와 세뇨관 하나로 구성되어 있습니다. 세뇨관은 '가느다란 요관'이라는 뜻인데, 소변이 흐르는 미세한 관입니다.

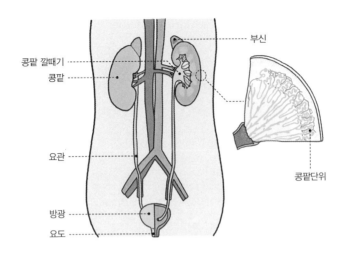

| 우리 몸의 비뇨 계통과 콩팥단위 |

　다른 모세 혈관과 마찬가지로 토리의 모세 혈관에도 미세한 구멍들이 있어서 혈액에 있는 물과 물질을 성분과 크기에 따라 선택적으로 통과시킵니다. 이를 여과 과정이라고 합니다. 마치 거름종이 같은 여과기를 써서 액체 속에 들어 있는 입자를 걸러 내는 것과 동일한 원리입니다. 콩팥단위가 하는 여과란 혈액 중에서 혈액 세포나 단백질 같은 큰 것들은 모세 혈관 안에 그대로 머물게 하고, 대사의 산물인 요소 같은 작은 물질은 물과 함께 모세 혈관 밖으로 내보내 세뇨관으로 흘러가게 하는 것을 말합니다.

　세뇨관은 아주 깁니다. 세뇨관은 마치 히터의 열선이 구불구불 겹쳐 있는 것과 같이 아주 길게 이어지는데, 세뇨관 옆으로 혈관이 같이 주행하면서 세뇨관에 흐르는 것들 중 다시 필요한 것들은 혈관 안으로 다시 흡수합니다. 이때 수분과 포도당 등이 혈관으로 재흡수됩니다. 따라서 세뇨관이 끝나는 지점에 가면 우리 몸에 필요하지 않는 노폐물만 농축되어 남게 됩니다.

포도당은 입자가 아주 작아 콩팥단위에서 물과 함께 세뇨관으로 빠져 나오는 경우가 많은데, 그렇더라도 세뇨관에서 혈관으로 재흡수됩니다. 당뇨병처럼 혈당이 높은 경우는 재흡수가 제대로 이루어지지 않아 소변에 당이 많이 나오게 되지요. 수분도 마찬가지입니다. 몸 안에 수분이 충분히 많다면 혈관 안에도 충분히 많아 세뇨관으로 일단 빠져나간 수분은 재흡수가 잘 안 됩니다. 그러면 소변이 많아지는 거지요. 전해질도 마찬가지여서 이를 통해 혈액의 산성도를 일정하게 유지합니다.

콩팥단위는 이런 여과와 재흡수 과정을 통해 노폐물만 효율적으로 배설합니다. 여기에서 하루에 여과되는 양이 180L인데, 이 가운데 소변으로 1~2L 정도 만들어져서 배출되니까 거의 모든 수분이 일단 세뇨관으로 나갔다가 다시 들어오는 셈이지요.

》 물을 적게 마시면 요독증, 《 많이 마시면 수분 중독

세포 대사 과정에서 나오는 노폐물은 물에 녹아 배설되므로 소변을 만들려면 물이 필요합니다. 그런데 우리 몸의 대사 산물은 일정하기 때문에 노폐물을 농축시키는 정도에 따라 소변의 양이 변합니다. 세포 대사로 배출되는 노폐물을 최대한 농축했을 때 소변량은 하루 500cc는 되어야 합니다. 따라서 이보다 소변을 더 적게 누면 몸에 노폐물이 쌓여 금방 이상 증상이 나타납니다. 이를 요독증이라고 합니다. 소변의 독성 때문에 나타나는 증세라는 뜻입니다. 소변이 500cc만 되면 괜찮다고 해서 하루에 물을 500cc만 마셔도 된다는 뜻은 아닙니다. 대변이나 땀으로 배출되는 수분도 있기 때문에 그 이상 물을 마셔야 합니다.

물을 많이 마시면 소변이 많아집니다. 마신 만큼 소변으로 나오는 거지요. 그렇다고 무한정 배출할 수 있는 것은 아닙니다. 콩팥으로 배설할 수 있는 최대 능력은 하루 20L입니다. 따라서 이보다 더 많이 물을 마시면 혈액 내의 나트륨 농도가 감소해 물이 세포 안으로 유입됩니다. 특히 뇌세포가 팽창하면 구토, 어지럼증, 경련, 혼수 등의 증상이 발생하는데, 이를 수분 중독증이라고 하지요. 수분 중독은 일상에서는 거의 발생하지 않지만 물을 누가 빨리 또는 많이 마시는지 경합하는 대회 등에서 간혹 생깁니다.

33

밤에 잘 때 소변을 보지 않는 이유는?

 사람은 보통 하루에 1~2L의 소변을 봅니다. 소변량은 수분 섭취와 활동량에 따라 차이를 보여서 더운 여름에는 땀을 많이 흘리므로 소변량이 줄어듭니다. 소변량이 줄어들더라도 배출되어야 하는 노폐물의 양은 변하지 않기 때문에 소변의 농도가 진해지고 탁해집니다. 반면 추운 겨울에는 땀으로 배출되는 수분이 감소해서 소변량이 많아지고, 그만큼 농도는 감소해서 소변이 맑아집니다.

소변은 하루 24시간 만들어지지만 그 양은 주기에 따라 변동이 있어서 밤에 잘 때는 적게 만들어집니다. 그래서 아침에 일어났을 때 보는 소변은 진합니다. 노폐물은 밤에도 낮과 마찬가지로 계속 만들어지기 때문에 농도가 진해지는 것입니다. 물론 잠을 자면서 물을 안 마시기 때문이기도 하지만, 궁극적인 이유는 항이뇨 호르몬이 많이 분비되어 소변이 적게 만들어지기 때문입니다. 항이뇨 호르몬이란 오줌을 누지 못하게 하는 호르몬으로, 뇌에서 생명 유지에 필요한 여러 호르몬을 분비하는 기관인 뇌하수체에서 분비됩니다.

항이뇨 호르몬은 혈액을 순환하다가 콩팥에서 수분의 재흡수를 촉진합니다. 일단 여과되어 혈관 밖으로 나간 수분을 다시 재흡수하게 하는 호르몬이지요. 이 호르몬이 많아지면 소변은 최대한 농축되어 소변량이 감소합니다. 잠자는 동안에는 우리가 물을 마시지 않기 때문에 인체가 보유하는 수분량을 최대한 보존하는 기능을 하는 거지요. 그런데 나이가 들수록 항이뇨 호르몬이 적게 나오므로 노인들은 밤이나 낮이나 소변이 만들어지는 양이 비슷해져서 밤에 자다가 소변을 보기 위해 자주 깹니다.

》 하루에 3L 이상 《
소변을 보면 '다뇨'

밤에 자다가 소변을 보기 위해 잠을 깨는 것을 야간뇨라고 합니다. 자다가 다른 이유로 잠을 깼는데 소변이 마려워 소변을 보는

것은 야간뇨라고 하지 않고, 소변을 보려는 필요에 의해 잠을 깨는 경우만을 야간뇨라고 합니다. 성인의 20~30%는 가끔 야간뇨가 있는데, 나이가 들수록 많아져 60대 이상에서는 40%에서 관찰됩니다.

'다뇨'는 소변량이 많다는 뜻으로, 하루에 3L 이상 소변을 보는 경우입니다. 빈뇨와는 다릅니다. '빈뇨'는 소변을 자주 보는 증상인데, 빈뇨가 있더라도 소변량이 하루 3L를 넘지 않으면 다뇨라고 하지 않습니다. 다뇨의 가장 흔한 원인은 수분의 과다 섭취입니다.

소변량이 증가하는 대표적인 병은 당뇨병입니다. 당뇨병이 있으면 당이 넘쳐서 세뇨관에서 당이 재흡수되지 못하고 소변으로 나올 때 수분을 같이 끌고 나오기 때문입니다.

》 커피와 술을 마시면 《
소변을 많이 눠

특별한 병이 없는데도 소변을 지나치게 많이 보는 경우가 종종 있습니다. 일시적으로 수분을 과다 섭취하는 경우지요. 대부분은 이뇨 작용을 촉진하는 음료수를 마실 때입니다. 커피와 술이 대표적입니다. 술을 마시면 물을 많이 마시는 것과 같은 효과를 보일 뿐만 아니라 알코올 자체가 커피와 같은 이뇨 작용을 해서, 알코올 1g당 10cc의 추가적인 이뇨 효과가 있습니다.

　노인은 특별한 질병이 없는데도 소변량이 증가하는 경향이 있습니다. 소변을 농축하는 능력이 떨어지기 때문입니다. 그렇다고 하더라도 하루 3L 이상 소변을 보는 다뇨증은 정상적인 노화 과정이 아니라 당뇨병 같은 병 때문입니다.

34

소변을 눌 때 거품은 왜 생길까?

소변의 95% 이상은 물입니다. 물에 녹아 있는 것, 즉 고형 성분은 전체 소변의 5% 미만인데, 하루 1L의 소변을 본다고 하면 고형 성분은 최대 50g이 됩니다. 이 고형 성분 중 60%는 단백질 대사 산물인 요소와 요산이고, 나머지 40%는 나트륨, 칼륨, 염소, 칼슘 같은 전해질과 아미노산, 탄수화물 같은 유기물입니다.

건강한 사람의 소변은 막 배출되었을 때 맑은 담황색으로 투명하며 냄새가 없습니다. 오히려 향기가 약간 있지요. 소변에서 나는 독특한 지린내는 배뇨된 소변에 있는 요소와 요산이 시간이 지나면서 암모니아로 바뀌기 때문입니다. 물론 막 배출된 소변에도 암모니아가 있기는 하지만 양이 아주 적어서 소변의 색깔이나 냄새에 영향은 거의 없습니다. 시간이 지나면서 암모니아가 많아져 냄새가 많이 납니다.

소변을 누면 대부분 거품이 생깁니다. 소변 누는 속도가 세면 더 많이 생기는데 소변이 나오면서 공기와 섞이기 때문입니다. 수도꼭지에서 흐르는 물을 컵에 받을 때 거품이 생기는 것과 같은 원리입니다. 물이 얇은 막을 형성해서 공기를 감싼 것이기 때문에, 거품은 금방 사라지는 일시적인 현상입니다.

》 소변에 거품이 오래 가면 《 병이 생겼는지 의심해야 해

컵에 물을 살살 부으면 수면 가운데가 둥그렇게 약간 올라오지요? 컵을 옆에서 자세히 보면 알 수 있습니다. 물 분자끼리는 서로 끌어당기는 힘이 작용하기 때문에 물 분자가 많이 모이는 중앙 부위에 물이 약간 많아지는 거지요. 이런 힘을 표면 장력이라고 합니다. 그런데 물에 이물질이 많이 녹아 있으면 표면 장력이 약해져 물 분자 사이사이에 공기가 잘 들어갑니다. 비누 거품이 대표적인 예지요.

소변도 마찬가지로 소변에 표면 장력을 감소시키는 물질이 있으면 생긴 거품이 터지지 않고 오래 지속됩니다. 가장 흔한 원인은 소변에 노폐물의 농도가 증가하는 경우입니다. 정상인 소변의 거품은 금방 사라지지만, 소변에 단백질이나 당분이 많이 포함되어 있으면 시간이 지나도 거품이 오래 지속됩니다. 따라서 소변을 눌 때 생긴 거품이 오래 지속된다면, 병이 생겼다는 뜻입니다. 대부분은 소변으로 당이나 단백질이 많이 나오는 병입니다.

정상적인 토리는 혈액에 있는 단백질 성분을 여과시키지 않으므로 단백질이 소변으로 나온다면 토리에 이상이 있다는 뜻입니다. 소변으로 나오는 단백질은 아주 적은 양이라고 하더라도 질환이 있다는 것을 암시합니다. 그래서 병원에서는 소변의 단백질을 자세히 검사합니다. 소변량이 시간에 따라 변하듯 단백질 배출도 시간에 따라 변하기 때문에 정밀한 검사를 위해 24시간 동안 소변을 모아서 하루 동안 배출되는 단백질을 모두 합산합니다. 토리에 질환이 있더라도 배출되는 단백질이 많지 않으면 별다른 증상이 없지만, 하루 단백질 배출량이 3.5g 이상이라면 혈액 내 단백질이 감소하고, 전신이 붓는 부종이 발생합니다.

》 수명 다한 적혈구가 배출되어 《 소변도 대변도 누런빛

정상적인 소변 색은 담황색입니다. 소변에 함유된 우로크롬이라는 색소 때문인데, 이는 적혈구의 헤모글로빈이 대사되고 남은 찌꺼기입니다. 적혈구는 120일의 수명을 다하고 노화되면 비장이나 간에서 파괴되어 없어지는데, 이때 나오는 산물 중 하나인 우로크롬이 소변으로 배출되는 것입니다. 간에서 만들어지는 빌리루빈도 적혈구의 대사 산물입니다. 이것은 쓸개즙을 통해서 대변으로 배출됩니다. 대변 색깔이 노란 것도 이 빌리루빈 때문입니다. 결국 대변이나 소변 색깔이 누런 것은 적혈구가 죽어 배설되는 찌꺼기 때문입니다.

혈뇨란 소변에 피가 나오는 것인데, 소변이 붉다고 해서 모두 혈뇨는 아닙니다. 복용하는 약 때문에 소변이 붉게 보이기도 합니다. 대표적인 것이 종합비타민제에 포함된 리보플래빈이지요. 진통제나 항생제 중에도 소변을 붉게 하는 것들이 있습니다. 그래서 소변이 붉으면 현미경으로 검사해서 적혈구가 있는지 확인해 혈뇨인지 감별합니다.

35

소변을 얼마만큼 참을 수 있을까?

방광은 하나이며, 배꼽 아래 복부 중앙에 위치합니다. 연속적으로 만들어지는 소변을 저장했다가 한꺼번에 배출하는 기능을 하지요. 방광은 구멍이 3개가 있는데, 위로는 2개의 요관과 아래로는 하나의 요도와 연결됩니다. 요관이 방광의 입구라면 요도는 출구입니다. 그럼 방광에는 소변을 얼마큼 담을 수 있을까요?

방광은 얇은 천처럼 된 근육들이 겹겹이 붙어 있습니다. 이 근육들은 기능적으로 배뇨근과 조임근(괄약근)으로 나눠집니다. 배뇨근은 배뇨 기능을 하는 근육이란 말인데, 얇은 근육들이 여러 방향으로 교차해서 방광 전체를 그물처럼 감싸고 있는 구조로 되어 있고, 방광에 소변이 차는 동안에는 배뇨근이 늘어났다가 소변을 볼 때는 수축합니다. 얇지만 여러 층으로 되어 있는 덕분에 배뇨근은 비교적 튼튼해 좀처럼 터지지 않습니다. 과거 고무로 만든 축구공이 없었던 시절에 시골에서는 돼지를 잡으면 방광을 떼어 내 구멍을 막고 공으로 사용하기도 했지요.

방광의 평균 용량은 400cc입니다. 그런데 소변이 150cc 정도 차면 소변을 보고 싶다는 느낌이 오기 때문에 보통 400cc에

도달하기 전에 소변을 눕니다. 보통 한 번 소변을 볼 때 300cc 정도인데, 500cc까지는 힘들지 않게 참을 수도 있습니다. 방광은 더욱 늘어날 수도 있어서 1,000cc까지도 저장이 가능합니다. 그러나 이런 일이 자주 있으면 과도하게 부푼 풍선이 탄력성을 잃는 것처럼 배뇨근의 탄력성이 사라져 소변을 눌 때 힘이 약해집니다. 그러면 방광에 찬 소변을 모두 비우지 못할 뿐만 아니라, 위쪽의 요관으로 소변이 역류해서 콩팥이 손상됩니다.

》 방광 조임근과 배뇨근이 《 상호 작용을 잘해야 소변을 잘 봐

방광 조임근에는 두 종류가 있는데, 하나는 방광 출구 안쪽에, 다른 하나는 방광 출구 바로 밖에 있습니다. 방광 출구 안쪽의 조임근은 마치 풍선에서 입구 부분이 두툼하듯 배뇨근이 두꺼운 근육층을 형성한 것인데, 우리가 의지대로 조절할 수 있는 것이 아니고 방광이 어느 정도 차면 자동적으로 열립니다. 반면 밖에 있는 조임근은 의지대로 조절할 수 있어서 이것을 조이면 소변을 어느 정도는 참을 수 있습니다. 그래서 소변을 보라는 신호가 와도 화장실 가는 동안 어느 정도는 참을 수 있지요. 방광의 조임근과 똑같은 조임근이 인체 다른 곳에도 있습니다. 항문입니다. 항문의 조임근도 역시 방광처럼 두 종류가 있고, 기능도 동일합니다.

이처럼 배뇨근과 조임근은 서로 반대 작용을 잘해야 원할 때 정상적으로 소변을 볼 수 있습니다. 하지만 조임근이 정상적으로 작동하지 못하면 소변이 조금씩 새는 요실금이 생깁니다. 배뇨근의 이완 작용이 잘 되지 않으면 소변이 조금만 차도 소변이 마려운 증상이 생기며, 배뇨근의 수축 작용이 잘 안 되면 소변을 봐도 시원하게 배출하지 못해 방광에 소변이 조금씩 남게 됩니다.

》 대뇌가 발달해야 《
소변을 가릴 수 있어

방광의 저장과 배뇨 기능은 대뇌와 척수, 즉 중추 신경이 방광 근육에 작용한 결과입니다. 영유아가 소변을 가리지 못하는 것은 대뇌가 아직 완전히 발달하지 못했기 때문입니다. 1~2세가 되어야 대뇌가 발달하면서 소변이 마렵다는 것도 느끼고 표현합니다. 요도 조임근을 조절해서 소변을 어느 정도 참을 수 있게 되려면 3~4세가 되어야 하지요. 밤에 자다가 소변을 보지 않게 되려면 조금 더 성장이 필요해 5세는 되어야 합니다.

5세가 지났는데도 밤에 소변을 지린다면 이를 야뇨증이라고 하는데, 이 시기 아동의 15% 정도에서 나타납니다. 야뇨증은 나이가 들어 신경계가 성숙해지면 자연적으로 좋아지기 때문에 7세가 되면 5~10%로 줄어듭니다.

밤에 자다가 소변을 보기 위해 깨는 것은 야뇨증이 아니라 야간뇨라고 합니다. 야간뇨는 밤중 소변량이 증가하는 경우와 소변량은 증가하지 않는데 빈도만 증가하는 경우에 따라 원인이 다릅니다. 그러나 대체로 밤에 소변 생산이 늘어 야간뇨 증상이 나타나지요. 노인은 밤중에 많이 분비되어야 할 항이뇨 호르몬이 제대로 분비되지 않아 생깁니다. 또, 심장 기능이 떨어져 몸의 각 부위로 혈액을 제대로 보내지 못하는 심장 기능 상실이나 몸이 붓는 부종이 있으면, 다리에 몰려 있던 수분이 밤에 누우면 혈액 내로 이동해 소변량이 증가하기 때문에 야간뇨가 잘 생깁니다.

★ 고리 모양으로 생긴 조임근은 우리 몸 곳곳에 존재하면서 음식물이나 배설물이 제멋대로 돌아다니지 못하게 하는 역할을 한다. 소화 기관에서는 인두와 식도 사이, 식도와 위 사이에 있다. 항문과 방광 끝에도 조임근이 있어서 대변과 소변이 넘어오지 않도록 하는 역할을 한다.

7장

내분비

36

호르몬이 뭘까?

다세포 동물의 세포들은 위치에 따라 기능별로 분화되어 있습니다. 피부 세포나 신경 세포, 근육 세포 등이 각각 특정 역할을 하지요. 그런데 각각의 세포는 다른 세포가 무엇을 필요로 하는지에 대한 정보를 어떻게 알 수 있을까요?

우리 몸은 세포별로 기능이 분화되어 있고, 각각의 세포는 다른 세포가 무엇을 필요로 하는지 정보를 받아들여 자신의 기능을 조절합니다. 이는 정보 전달 시스템이 있어서 가능한데, 이 시스템은 직접 연결과 간접 연결 두 가지 방식이 있습니다.

직접 연결 방식의 경우 세포와 세포 사이에 다리가 있는 것처럼 구조가 연결되어서 물질이 서로 왔다 갔다 합니다. 세포막의 25% 정도가 이런 구조로, 옆 세포와 밀접히 연결되어 있지요. 반면 간접 연결 방식은 화학 물질이 일단 세포 밖으로 나간 다음 다른 세포로 들어가 정보를 전달합니다. 이 방식은 화학 물질의 이동 거리에 따라 인접한 세포에만 영향을 미치는 주변 전달과, 혈액 순환을 이용해 멀리 있는 세포에 영향을 미치는 원격 전달 두 종류로 나뉩니다.

》 호르몬은 혈액을 타고 다니며 《 표적 세포를 자극해

전기로 정보를 전달하는 신경 세포는 세포 밖으로 '신경 전달 물질'을 분비해서 바로 옆 신경 세포를 자극합니다. 이런 신경 전달 물질이 주변 전달의 예라면, '호르몬'은 원격 전달의 예입니다.

'호르몬(hormone)'은 혈액에 녹아 온몸을 순환하면서 작용하는 물질입니다. 호르몬은 어떤 자극을 받으면 우리 몸 곳곳에 있는 내분비샘에서 분비되어 혈액을 타고 다니다가 멀리 떨어져 있는 특정 조직과 세포에 작용해 영향을 미치는 강력한 화학 물질입니다. 예를 들면 이자에서 분비되는 호르몬인 '인슐린'은 혈관을 타고 순환하면서 혈액 속의 포도당 양을 조절하는 역할을 합니다. 밥을 먹은 뒤 혈액 속에 포도당의 양이 증가하면 이자에서는 인슐린을 분비해 간에서 포도당을 저장하게 하고, 세포에서 포도당을 사용해 에너지를 만들게 합니다. 또, 지방 조직에서 지방산을 저장하게 해서 혈액 속의 혈당을 조절하는 것이지요.

지금까지 80여 종의 호르몬이 알려져 있는데, 펩티드와 스테로이드, 아민 세 종류로 나뉩니다. 펩티드(peptide)란 아미노산이 여러 개 결합된 화합물을 말하는데, 아미노산의 개수는 적게는 세 개에서 많게는 192개까지 다양합니다. 스테로이드(stroid)는 콜레스테롤에서 합성되는 지방 성분의 호르몬으로, 부신 겉질과 고환, 난소 등에서 만들어지며 이 계통의 호르몬으로는 코르티솔과 안드로겐(테스토스테론), 에스트로겐, 프로게스테론 등이 있습니다. 보디빌더나 운동선수들에게 스테로이드라고 하면 보통 테스토스테론을 뜻하지만, 병원에서는 코르티솔을 뜻합니다. 아민(amine)은 질소를 함유한 물질로, 도파민과 티록신(갑상샘 호르몬)이 이에 해당합니다.

호르몬을 분비하는 기관은 물이 흘러나오는 샘과 같은 기능을 하기 때문에 내분비샘이라고 하지요. 내분비샘은 신체 곳곳에 흩어져 있습니다. 뇌에는 시상하부와 뇌하수체, 솔방울샘이 있으며, 목에는 갑상샘, 복부에는 이자, 부신, 난소 등이 있고, 몸통 밖에는 고환이 있지요. 이들 내분비샘은 독립적으로 기능하는 것이

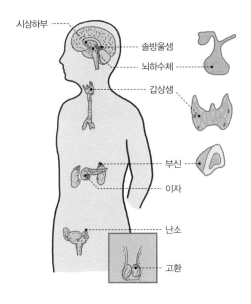

| 우리 몸의 내분비 계통 |

아니라 자기가 분비한 호르몬의 영향을 받는 세포들과 서로 영향을 주고받는 피드백 시스템을 통해서 상호 작용합니다.

》 내분비샘과 신경계는 《
뇌 속 시상하부에서 연결돼

내분비샘은 신경계와 밀접히 연관되어 작동합니다. 이 두 시스템, 즉 신경계와 내분비계는 시상하부에서 연결됩니다. 시상하부는 자율 신경을 조절하는 중추로, 이곳에서는 다양한 신경에서 오는 정보와 혈액에 녹아 있는 각종 호르몬과 화학 성분을 분석하고 통합한 다음, 바로 아래에 있는 뇌하수체를 통해 전체 내분비 시스템을 통제합니다.

하등 동물에서 고등 동물로 갈수록 호르몬의 수나 다양성이 증가하시만 특성 호르몬은 사람과 농물 사이에 차이가 별로 없습니다. 다세포 동물의 진화에서 세포 사이에 이루어지는 화학적 전달 신호인 호르몬은 결정적으로 중요하기 때문에, 종이 달라져도 호르몬의 구조는 잘 보존된 것으로 보입니다. 예를 들면, 에스트로겐이나 갑상샘 호르몬은 하등 동물에서 포유류에 이르기까지 구조가 동일합니다. 인슐린도 마찬가지지요. 그래서 동물에게서 추출한 호르몬을 사람에게 사용할 수 있는 것입니다.

37

갑상샘 호르몬은 왜 중요할까?

 갑상샘은 무게로 따지면 15~20g 정도로, 간에 비하면 턱없이 작지만 호르몬을 분비하는 내분비샘 중에는 가장 큽니다. '갑상'이란 말은 마치 목에 두르는 갑옷처럼 생겼다고 해서 붙은 이름이지요. 이 갑상샘에서 나오는 호르몬은 우리 몸에서 어떤 기능을 할까요?

갑상샘은 비록 피부 바로 밑에 있기는 하지만 목에 납작하게 딱 달라붙어 있기 때문에 그냥 봐서는 알아보기 어렵습니다. 여성의 갑상샘이 크게 느껴지는 이유는 실제 크기가 남성보다 더 커서가 아니라, 목이 상대적으로 가늘고 갑상샘 질환이 많이 발병하기 때문이지요.

갑상샘은 척추동물에게 있는 기관인데, 어류에서는 아직 무슨 기능을 하는지 거의 알려져 있지 않고, 양서류에서는 변태에 관여하며, 조류와 포유류에서는 에너지 대사에 관여합니다. 특히 포유류에서는 신체의 전반적인 발달에 중요하고, 중추 신경계의 발달에도 필수적이며, 태아 시기에 가장 먼저 형성되는 내분비샘이기도 합니다.

》 성장기 아이들 발달에 《 특히 중요해

갑상샘 호르몬은 특정한 몇 군데에 한정되어 작용하는 것이 아니라 우리 몸의 거의 모든 세포에 작용해 에너지 대사를 촉진합니다. 덕분에 체온을 유지하고 세포가 포도당을 잘 이용할 수 있습니다. 또한 뼈와 근육, 뇌 신경 발달에 필수적이어서 성장기 어린이에게 특히 중요하지요.

갑상샘 호르몬을 화학적으로 분석해 보면 60%는 요오드로 이뤄져 있습니다. 우리 몸에 존재하는 요오드 총 15~20mg 가운데 70~80%가 갑상샘에 있지요. 요오드는 음식으로 섭취해야 하는데, 음식에 함유된 요오드의 양은 음식이 생산되는 땅에 존재하는 광물질 요오드의 함량에 비례합니다. 지표면의 흙에 있는 요오드는 오래될수록 부식되어 제거되기 때문에 산악 지역에는 별로 없고 해안 지역에 많습니다. 덕분에 해안가에 사는 사람은 요오드를 충분히 섭취합니다. 우리나라와 일본이 대표적이지요. 반면 히말라야나 알프스 같은 산악 지대나 갠지스강 유역 같은 평야 지역은 요오드가 부족한 지역에 속합니다. 세계적으로 약 10억 명이 요오드 결핍 지역에 살고 있습니다.

갑상샘 호르몬은 태아기와 성장기에 특히 중요합니다. 아기를 가진 엄마나 혹은 태어난 지 얼마 되지 않은 아기가 요오드를 충분히 섭취하지 못하면 갑상샘 호르몬 결핍으로 아기는 키가 자라지 못하고 지적 장애도 갖게 됩니다. 그래서 과거 요오드 결핍 지역에 사는 아이들은 평균적으로 지능이 낮고 학업 수행 능력이 떨어졌습니다. 그런데 1990년대 이후 요오드 결핍 지역에 판매되는 소금과 식용유에 요오드를 첨가하는 국제적인 활동이 시작되었고, 그 덕분에 갑상샘 호르몬 부족으로 인한 장애 발생은 많이 줄었습니다.

》 갑상샘 호르몬은 《
몸의 활력과도 관련 있어

일단 신경계의 성장이 모두 끝난 성인의 경우에는 갑상샘 호르몬이 부족하더라도 지능 저하가 나타나지는 않습니다. 그러나 에너지 대사가 원활하게 이루어지지 않기 때문에 활력이 떨어지고 몸에 기운이 없으며, 뇌 기능도 떨어지고, 말도 느려지고, 기억력도 떨어집니다. 우울증도 잘 오지요. 에너지 대사가 잘 안 되기 때문에 추위를 잘 타고, 심장 기능과 위장 기능 등 모든 신체 기능이 떨어집니다.

반대로 갑상샘 호르몬이 비정상적으로 많아지면 에너지 대사가 너무 활발해져 땀이 많이 나고 더위를 잘 참지 못하게 되고, 심장 박동도 빨라져 가슴이 자주 두근거립니다. 이 경우 호르몬이 식욕을 자극해서 음식 섭취량이 늘어나지만, 에너지 소모를 따라가지 못해 체중이 수개월 사이에 5~10kg이 빠집니다. 신경이 예민해져 사소한 일에도 흥분하고 화를 잘 내며, 집중력이 떨어집니다. 또한 체력 소모가 심해 근력이 약화되어 계단 오르기가 힘들어지고 피로감을 많이 느끼게 됩니다.

38

나이가 들면 혈당이 올라간다고 ?

당뇨병이란 당이 소변으로 나오는 병이라는 뜻으로, 소변에서 나는 단맛으로 당뇨병을 진단하던 시절 만들어진 병명입니다. 당뇨병을 뜻하는 영어 diabetes mellitus도 소변을 자주 본다는 뜻인 diabetes와 꿀처럼 달콤하다는 뜻인 mellitus를 조합해서 만든 말입니다. 그런데 당뇨병은 왜 나이가 들수록 늘어날까요?

당뇨병은 혈액 중 당의 농도를 측정해서 진단합니다. 소변으로 당이 나온다는 것이 꼭 혈당이 높다는 뜻은 아닙니다. 혈당은 높지만 소변으로 당이 나오지 않을 수도 있기 때문입니다. 이자에서 분비되는 인슐린은 혈액에 있는 포도당을 세포가 잘 이용하도록 하는 역할을 하는데, 인슐린이 분비되지 않거나 되더라도 기능이 정상적이지 않으면 혈액 내에 혈당은 올라가고, 세포는 당을 제대로 이용하지 못하는 '풍요 속의 결핍'과 같은 상태가 됩니다. 이것이 당뇨병입니다.

『동의보감』에서 당뇨병에 해당하는 증상을 보이는 병은 소갈입니다. 소(消)는 태운다는 뜻으로 열기가 몸 안의 음식을 잘 태우고 오줌으로 잘 나가도록 하는 것을 말하고, 갈(渴)은 자주 갈증이 난다는 뜻입니다. 그러니까 소갈이란 음식을 자주 먹고, 갈증이 나며, 오줌을 자주 누는 증상을 보이는 병을 뜻했던 거지요. 기원전 1500년의 이집트 문서에도 소변을 자주 누는 병이 기술된 것을 보면 당뇨병은 아주 오래전부터 병으로 인식된 것으로 판단됩니다.

》 40대 이후 노화 현상으로 《 혈당이 늘어나

지금 당뇨병의 기준은 공복 시 혈당이 126mg/dL 이상, 식사 두 시간 뒤 혈당이 200mg/dL 이상인 경우입니다. 과거 당뇨병 진단 기준이었던 공복 혈당 140mg/dL보다 낮아진 기준으로, 1997년

이후 세계 보건 기구가 제시한 것입니다. 2000년에는 당뇨병을 조기에 발견해서 예방하기 위해 당뇨병으로 진단되는 공복 혈당을 110mg/dL로 낮추자는 움직임이 있었지만, 아직까지는 1997년 기준을 따릅니다.

당뇨병을 분류하는 기준은 당뇨병 연구 결과를 반영하여 조금씩 변해 왔습니다. 지금은 당뇨병을 1형, 2형, 임신성, 기타 당뇨병으로 나눕니다. 1형 당뇨병은 소아기에 발병하며 처음부터 인슐린 치료가 필요합니다. 2형 당뇨병은 당뇨병의 대부분을 차지하는 유형으로, 보통 40세 이후에 발생하며 인슐린 저항성이 특징이지요. 임신성 당뇨병은 임신으로 인해 발생하며, 기타 당뇨병은 이자염 같은 이유로 발생하는 경우입니다.

당뇨병은 소아 시절에 생기기도 하지만 보통은 40대 이후에 발생합니다. 인체가 노화되면 이자의 내분비 기능이 떨어져 인슐린 분비가 감소하고, 일단 분비된 인슐린 자체도 성능이 떨어집니다. 게다가 간 기능도 저하되어 필요 이상으로 당이 많이 만들어지기 때문이기도 합니다. 그래서 나이가 열 살 올라갈 때마다 식후 혈당은 5mg/dL씩 증가합니다. 2형 당뇨병을 유발하는 원인은 나이, 비만, 가족력, 인종, 운동량, 영양 상태, 환경 변화, 대사 증후군, 간 질환, 고혈압, 고지혈증, 흡연 등입니다. 이 가운데 흡연은 최근에 밝혀진 위험 요인인데, 당뇨병 발생에 기여하는 정도가 14%에 이를 만큼 매우 높습니다.

당뇨병으로 혈당이 매우 높으면 곧바로 증상이 나타나지만 당뇨병으로 사망하는 이유는 대부분 심혈관계 합병증 때문입니다. 당뇨병을 관리하지 않은 채로 10년 정도 지나면 합병증이 나타나기 시작합니다. 일반적으로 40대 이후에 당뇨병이 생기니까 그로부터 10년이 지난 50대부터 합병증이 나타나기 시작하지요. 이 나이에 중풍이나 심장병이 서서히 증가하기 시작하는 것도 이런 이유 때문입니다. 또한 콩팥 질환, 망막 질환, 말초 신경병 등이 대표적인 당뇨병 합병증입니다. 콩팥 기능의 소실로 투석이 필요하게 되는 가장 주요한 원인도, 발 염증으로 다리를 절단하는 가장 흔한 원인도 전부 당뇨병입니다.

》 복부 비만이 되면 《
인슐린 기능이 떨어져

당뇨병은 세계적으로 증가하는 추세입니다. 그래서 세계 보건 기구는 당뇨병의 증가를 새로운 유행병이라고 했지요. 그만큼 당뇨병이 건강에 미치는 영향이 크다는 뜻입니다. 우리나라에서도 1970년대 초반에는 40세 이상의 성인 중 1% 미만에서 당뇨병이 있었지만, 1990년대에는 10배 이상 증가해서 10%의 유병률(특정 인구 집단에서 병이 발생하는 비율)을 나타냈습니다.

　우리나라 사람들은 1940~1950년대만 해도 단백질 섭취가 부족해서 어릴 때 근육이 잘 발달하지 못했습니다. 이들이 성인이 되어 운동을 하지 않고 과식하게 되면 팔다리는 가늘어지고 복부에 지방이 축적되는 복부 비만이 됩니다. 복부 비만은 피부밑 지방뿐만 아니라 내장 지방도 같이 증가하는 것인데, 내장 지방은 인슐린 기능을 저하시키기 때문에 당뇨병을 유발합니다. 일반적으로 복부 비만과 관련된 당뇨병은 가난한 시기에서 풍요로운 시기로 변화하는 과도기에 많습니다. 반면 현재 서구 선진국에서는 경제적으로 풍요로운 생활이 몇 세대 이어지면서 적당한 식사와 적당한 운동으로 건강 관리를 하기 때문에 당뇨병이 줄어들고 있습니다.

39

우리 몸에 있는 지방은 왜 만들어질까?

우리 몸에 있는 모든 세포는 24시간 활동하므로 이를 위한 에너지 공급이 지속적으로 필요합니다. 하지만 우리가 음식을 섭취하는 시간은 하루 중 몇 시간이 되지 않지요. 그렇다면 에너지를 어디엔가 저장하고 있다가 서서히 방출해야 합니다. 그럼 에너지는 어디에 저장하는 걸까요?

우리 몸에서 에너지의 원료가 되는 물질은 탄수화물, 지방, 단백질 세 종류가 있습니다. 이를 3대 영양소라고 하지요. 그런데 주로 인체 구조를 이루는 물질인 단백질에는 에너지 공급 기능이 있기는 하지만 아주 미약하고, 탄수화물과 지방이 주로 에너지를 공급합니다. 탄수화물과 지방이 다 소모되고 나면 단백질을 에너지로 사용할 수밖에 없게 되는데 이런 경우 근육 세포가 파괴되는 등 인체 구조가 무너지기 때문에 생명이 오래 지속되기 어렵습니다.

탄수화물은 글리코겐 형태로 간과 근육 세포에 저장되어 있다가 분해되면서 에너지를 공급하는데, 아무것도 먹지 않고 하루만 지나면 인체에 저장된 글리코겐은 모두 소비되어 버립니다. 그래서 우리 몸에 저장되는 에너지 중 가장 중요한 것은 지방입니

다. 지방은 수분 없이 지방만 저장할 수 있고, 단위 무게당 생산되는 칼로리도 높기 때문에 가벼운 몸으로 장거리 여행을 하는 철새도 비행 중 사용할 연료 에너지로 저장된 지방을 이용합니다.

우리 몸을 분자 수준에서 보면 대부분의 조직들은 물, 단백질, 지방, 탄수화물, 미네랄 등이 서로 섞여 있는 복합체이지만, 지방 조직은 특이하게 분자적으로도 대부분 지방으로 이뤄져 있습니다. 돼지고기에서 기름을 얻으려면 지방 덩어리를 떼어 내 녹이기만 해도 되는 것도 이런 이유입니다.

》 에너지를 저장하고 《 내분비샘 역할도 하는 지방

우리 몸은 사용하고 남은 에너지를 피부 아래와 내장 주변에 지방으로 축적합니다. 이를 각각 피부밑 지방과 내장 지방이라고 부르며, 대략 8대 2의 비율로 분포합니다. 지방이 분포되는 곳은 남녀가 조금 달라서 남성은 상체와 하복부에 많고, 여성은 허벅지나 엉덩이에 많습니다. 나이가 들면 남성은 체중 변화가 없어도 지방 분포가 바뀌어 피부밑 지방은 줄고 내장 지방은 증가하며, 여성은 폐경기 이후에 남성과 비슷하게 하체 지방이 줄고 복부 지방이 증가합니다.

지방 조직은 에너지 저장 역할 외에 호르몬을 분비하는 내분비샘으로서의 기능도 합니다. 여성 호르몬인 에스트로겐은 일차적으로 난소에서 합성되지만, 부신(콩팥 위에 있는 내분비샘)과 지방

세포에서 합성되어 분비되는 부분이 추가되어야 우리 몸에서 필요로 하는 요구량을 충족합니다. 난소와 부신의 기능이 정상이더라도 초경을 하려면 체중의 17%가 지방이어야 하고, 월경을 유지하기 위해서는 22%의 지방이 필요합니다. 지방에서 분비하는 또 다른 호르몬은 렙틴입니다. 이 호르몬은 혈류를 타고 시상하부로 가서 포만 중추를 자극합니다. 그러면 뇌는 포만감을 느끼고 먹기를 중단하지요.

» 비만의 원인은 «
과식과 유전

체중에서 지방이 차지하는 비율은 표중 체중 남성의 경우 15~20%이고, 여성의 경우는 20~25%입니다. 여성이 조금 지방이 많은 편이지요. 피부밑 지방이 거의 없는 보디빌더들은 지방이 체중의 4~6%밖에 되지 않지만 이는 극히 예외적인 경우입니다. 보통 사람들은 체중의 20% 내외가 지방입니다.

우리 몸을 조직별 무게로 나눠 보면 골격근이 체중의 40%를 차지하고, 지방 조직은 20% 내외로 두 번째로 큰 조직이며, 뼈는 15%를 차지합니다. 체중이 증가하면 골격근과 뼈도 조금 커지지만 약간만 증가하고, 대부분은 지방 조직이 늘어난 것입니다. 그래서 체중이 많이 나간다는 것은 지방이 많다는 뜻으로 생각해도 됩니다.

비만이란 단순히 체중이 많이 나간다는 뜻이 아니라 지방이 과다하게 증가한 상태를 말합니다. 비만은 에너지 소모량보다 섭취량이 많아 남은 에너지가 지방으로 많이 축적된 것인데, 궁극적으로 자신이 먹어야 할 양보다 많이 먹기 때문에 발생합니다. 그런데 에너지 섭취와 소모 중 어디에 원인이 있는지 밝히기는 쉽지 않지요. 같은 음식을 먹어도 어떤 사람은 살이 찌고 어떤 사람은 그렇지 않은 이유는 사람마다 기초 대사량이 다르기 때문입니다. 그런데 기초 대사량은 체중에 의해 결정되지만 유전적인 영향도 많이 받습니다. 가족력을 분석해 보면 비만의 원인 중 유전적인 요인이 차지하는 비율이 30~40%이고, 환경적인 요인이 차지하는 비율은 25~50%입니다.

비만을 진단하려면 지방의 무게만 측정해야 하는데, 지방은 온몸 여기저기에 분포하기 때문에 실제로 이들을 모두 측정해서 합하기란 쉽지 않습니다. 그런데 근육질의 운동선수를 제외하면 체중은 지방 조직의 무게와 보통 비례하므로 현실적으로는 체중만으로 비만을 평가합니다.

40

사춘기는 언제 시작될까?

발달 단계 중에 있는 사람을 소아 또는 어린이라고 합니다. 따라서 육체적인 성장이 끝나는 20세까지를 소아라고 할 수 있습니다. 하지만 중학생이나 고등학생을 보고 소아라고 하지는 않습니다. 그럼 소아와 성인 사이의 중간 단계는 어떻게 설정할까요?

대부분의 사회에서 소아와 성인 사이의 중간 단계를 설정하는데 바로 청소년기가 여기에 해당합니다. 청소년과 성인의 경계선이 언제인지 딱 잘라 말하기는 어렵지만 아동과 청소년의 경계선인 청소년기의 시작 시점은 어느 정도 정의할 수 있습니다. 바로 '사춘기'가 여기에 해당합니다.

사춘기는 어린이가 성인으로 옮겨 가는 과도기입니다. 바로 이때 성적인 성숙이 이뤄지고 자손을 낳을 수 있는 생식 능력이 갖춰집니다. 동시에 심리적으로도 많은 변화가 나타나지요.

》 성호르몬이 《 급증하는 시기, 사춘기

남자의 사춘기는 고환이 커지는 것으로 시작합니다. 음낭을 살살 만져 보면 가운데 약간 단단한 것이 만져지는데 이것이 고환입니다. 고환이 2.5cm 이상 되면 커진 것으로 판단합니다. 이때 나이는 평균 12.7세입니다. 고환이 커지고 6~8개월 지나면 성기가 커지고 성기 주변에 털이 나기 시작합니다. 이때가 되면 스스로 몸의 변화를 알게 되지요. 이어 고환에서는 정자가 만들어지고, 평균 13.5세에 첫 사정을 합니다. 그리고 몇 년이 지나 17세가 되면 정자의 모양이나 운동력이 성인 수준에 도달합니다. 이때부터는 사춘기가 끝나고 성인이 되었다고 할 수 있습니다.

여자의 사춘기는 11세 무렵 유방이 커지면서 시작됩니다. 같은 시기에 대음순을 따라 털이 조금씩 나기 시작합니다. 대개 유

내분비

방 돌출과 음모가 동시에 나타나지만 음모가 조금 늦게 나타나기도 합니다. 그리고 2년 정도 지나면 초경이 나타납니다. 초경은 평균 12.8세에 나타나며 음모의 성숙은 16세에 끝납니다. 그러면 사춘기가 끝나고 성인이 되었다고 할 수 있습니다. 초경이 시작되고 1~2년 정도는 호르몬 체계가 아직 미성숙해서 월경이 불규칙하고 배란이 없는 월경을 하는 경우가 많습니다. 따라서 정상적인 임신은 15세가 되어야 가능합니다.

사춘기가 시작되는 연령은 과거보다 조금씩 빨라지고 있습니다. 세계적인 현상입니다. 소아 시기에 영양 상태가 좋아지고, 보건 수준이 높아졌기 때문이지요. 성장기에 영양을 충분히 섭취하지 못하거나 만성 질환이 있으면 초경이 늦어지고, 고환 성숙도 늦어집니다. 체중 조절을 목적으로 다이어트를 심하게 하면 영양 결핍으로 사춘기가 늦게 시작됩니다. 이런 것을 보면 사춘기가 단순히 나이만 먹는다고 나타나는 현상은 아니고 어떤 요인이 사춘기를 촉발하는 것으로 추측할 수 있습니다. 지금까지 나온 연구 결과를 보면 그 촉발 요인이 체중이라는 주장과, 지방 조직에서 분비하는 호르몬이라는 주장이 있습니다.

》 성호르몬 분비가 《
크게 줄어드는 갱년기

인생에는 사춘기와 반대되는 시기가 있습니다. 바로 갱년기입니다. 사춘기가 성호르몬 분비가 갑자기 활발해지는 시점이라면, 갱년기는 성호르몬 분비가 급감하는 시기입니다. 여성의 경우 난소에서 배란이 되지 않고 여성 호르몬 생산이 급감하면 월경이 없어집니다. 그런데 월경은 어느 순간 갑자기 멈추기보다는 규칙적이던 월경이 불규칙하게 되는 기간이 몇 년 지속되다가 멈춥니다. 이를 폐경이라고 합니다. 월경 불순이 나타나고 폐경이 되는 평균 4년의 기간을 갱년기라고 합니다. 우리나라 여성의 경우 폐경 시점은 49.7세입니다.

갱년기 여성은 난소 기능이 떨어지면서 월경이 불규칙할뿐만 아니라 여성 호르몬 결핍에 따른 증상이 나타납니다. 여성의 50% 정도는 안면 홍조와 땀이 나는 것을 경험하고, 20%는 피로감이나 불안감, 기억력 장애를 겪으며, 수면 장애를 겪는 이들도 있습니다. 이런 증상은 폐경 후 3~5년 동안 지속되기도 합니다.

반면 남성은 정자 생산 능력과 남성 호르몬 분비가 서서히 감소하기 때문에 여성처럼 특정 시기를 정하기는 어렵습니다. 60세 이상의 남성 상당수는 테스토스테론이 20~30대의 정상 수치 미만으로 감소하므로, 호르몬 수치로만 보면 60세를 경계로 삼을 수 있겠지만 생식 능력은 사람마다 연령 차이가 무척 큽니다. 혈액 검사에서 테스토스테론이 감소되어 있으면 남성 갱년기로 진단하는데, 증상이 있는 경우 보충하는 치료를 하기도 합니다.

질문하는 과학 07

위는 어떻게 위산에 녹지 않을까?

초판 1쇄 발행 2021년 6월 5일
초판 2쇄 발행 2022년 1월 20일

지은이 **최현석**
그린이 **리노**
펴낸이 **이수미**
편집 김연희, 이해선
북 디자인 신병근
마케팅 김영란

종이 세종페이퍼 인쇄 두성피엔엘 유통 신영북스

펴낸곳 **나무를 심는 사람들**
출판신고 2013년 1월 7일 제2013-000004호
주소 서울시 용산구 서빙고로 35 103동 804호
전화 02-3141-2233 팩스 02-3141-2257
이메일 nasimsabooks@naver.com
블로그 blog.naver.com/nasimsabooks

ⓒ 최현석, 2021
ISBN 979-11-90275-50-7
     979-11-86361-74-0(세트)